湍流模式理论

Turbulent Model Theory

刘沛清　编著

科　学　出　版　社

北　京

内容简介

本书主要涉及湍流模式的建模思想与方法，重点介绍了湍流的属性、湍流的精确方程组、湍流时均运动微分方程组的模化与封闭以及湍流的高级数值模拟。其中，第 1 章介绍湍流的形成及其特征；第 2 章介绍湍流的基本方程组；第 3 章介绍不可压缩湍流模式；第 4 章介绍湍流的高级数值模拟；第 5 章介绍适用于壁面湍流的湍流模式；第 6 章介绍可压缩湍流模式。

本书在内容取材和论述过程中，力图做到物理概念清晰易懂，理论推导严谨，可作为高等工科院校流体力学研究生及高年级本科生的理论课教材。

图书在版编目(CIP)数据

湍流模式理论/刘沛清编著. —北京：科学出版社，2020.6
ISBN 978-7-03-065024-5

Ⅰ. ①湍…　Ⅱ. ①刘…　Ⅲ. ①湍流理论　Ⅳ. ①O357.5

中国版本图书馆 CIP 数据核字 (2020) 第 074847 号

责任编辑：赵敬伟　赵　颖 / 责任校对：邹慧卿
责任印制：吴兆东 / 封面设计：耕者工作室

科学出版社 出版
北京东黄城根北街 16 号
邮政编码：100717
http://www.sciencep.com

北京虎彩文化传播有限公司 印刷
科学出版社发行　各地新华书店经销
*
2020 年 6 月第　一　版　开本：720 × 1000　B5
2024 年 1 月第四次印刷　印张：9 3/4
字数：196 000

定价：88.00 元

(如有印装质量问题，我社负责调换)

谨以此书献给我的学生们!

前　言

本书是作者在北京航空航天大学航空科学与工程学院长期为硕士研究生开设的“湍流模式理论及其应用”课程的讲义的基础上，经过反复修改撰写而成。主要为流体力学专业的研究生介绍湍流模式的基本理论和模化方法。

湍流是自然界中存在的一种极其复杂的流动现象。早在文艺复兴时期，意大利全才科学家达·芬奇就对海滩上的旋涡和湍流进行了定性观察，并用画笔记录下湍流和旋涡的结构，他在一幅湍流名画中写道：“乌云被狂风卷散撕裂，沙粒从海滩扬起，树木弯下了腰”。这清楚地刻画了湍流的分裂破碎、湍涡的卷吸和壁剪切作用等特性。1880 年英国科学家雷诺进行了圆管流动转捩实验；1883 年雷诺提出时均值概念，认为湍流的瞬时运动由时均运动和脉动运动组成，不过当时雷诺称湍流为曲折运动；1895 年雷诺假设湍流的瞬时运动满足 Navier-Stokes 方程组 (简称 N-S 方程组)，并利用时均值概念对 N-S 方程组进行分解，建立了描述时均运动的雷诺方程组，从此人们便开始了对湍流的研究重点转移到封闭雷诺方程组的问题上。为了封闭湍流时均运动的微分方程组，1940 年我国著名学者周培源先生对雷诺方程组中出现的湍动应力项（也即脉动速度二阶相关项）建立了输运方程组，但又会引出三阶相关项的未知量，方程仍是不封闭的，以此类推，三阶方程组会出现四阶相关项的未知量，四阶方程组会出现五阶相关项未知量 ······ 方程组永远不能封闭，这就是著名的湍流方程组的不封闭问题。为了封闭湍流基本方程组，使之成为工程湍流计算的基础，必须借助于半经验假设建立各种脉动相关量的补充方程，特别是湍动应力的补充方程。从 20 世纪 20 年代起，以德国流体力学家普朗特为代表的科学家提出了从实用角度出发研究湍流工程计算的实用湍流理论，早期经典的半经验理论就是这一理论的典型代表；后来从 20 世纪 40 年代起发展起来的湍流模式理论，也属于实用湍流理论的范畴。实用湍流理论主要是以雷诺时均运动微分方程组和有关脉动量输运方程组为基础，依靠理论和经验的结合，引进一系列模化假设，建立一组描述湍流时均运动的封闭方程组来解决湍流工程计算的方法论。

全书以湍流模式理论为主线，系统介绍了湍流的属性、湍流精确方程组的推导、湍流方程组的模化与封闭。其中，第 1 章介绍湍流的形成及其特征；第 2 章介绍湍流的基本方程组；第 3 章介绍不可压缩湍流模式；第 4 章介绍湍流的高级数值模拟；第 5 章介绍适用于壁面湍流的湍流模式；第 6 章介绍可压缩湍流模式。

本书在内容取材和论述过程中，力图做到物理概念清晰易懂，理论推导严谨，由浅入深介绍给读者。

本书在编写过程中，得到葛晨辉博士的大力帮助，在此表示感谢。

由于作者水平有限，书中不足之处在所难免，恳请读者批评指正。

刘沛清

2019 年 12 月 30 日

于北京航空航天大学陆士嘉实验室

目　　录

第 1 章　湍流的形成及其特征

1.1　黏性流体微团的受力及其对流动的影响

黏性流体与理想流体运动微团的主要区别是：微团的受力除惯性力外，还有黏性力，反映在流体微团的受力行为上，除法向应力外 (压强)，还有切向应力 (黏性切应力) (图 1.1)。

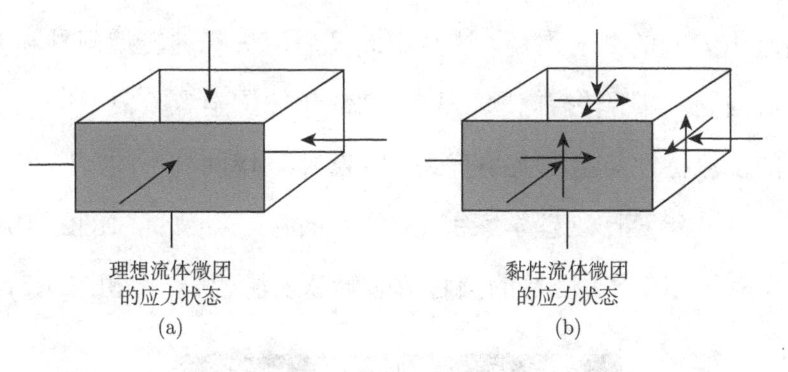

图 1.1　理想和黏性流体微团受力行为

因此，黏性流体微团的运动行为实质上是惯性力与黏性力二者相互作用的结果。按照定义，黏性力的作用是阻止流体微团发生相对运动，而惯性力与黏性力正好相反，对流体微团的运动起加剧作用。在流体力学中，对两种受力的极端情况给予了高度的重视，其一是黏性力的作用远大于惯性力的作用，其二是惯性力的作用远大于黏性力的作用。可以推测在这两种情况下流体微团的运动特征是截然不同的，由此引出了层流和湍流 (紊流) 的概念 (图 1.2)。

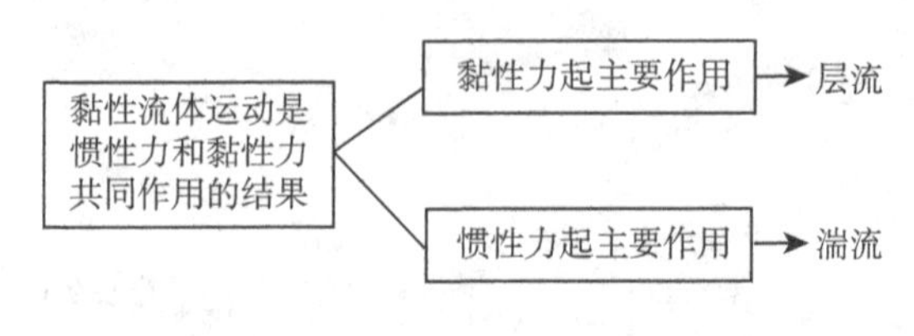

图 1.2　黏性作用的极限

1.2　雷诺的转捩实验

自然界中存在着的大量流动不是层流，而是与其截然不同的湍流，这类流动极其复杂，实际应用更加迫切。于是对湍流的形成与发展机理研究引起了人们的高度重视，这其中涉及层流失稳的转捩问题和充分发展的湍流问题。对于转捩问题，早在 1839 年德国学者哈根 (Hagen) 发现圆管中的水流特性与速度大小有关，1869 年发现两种不同流态水流的特性不同。1880 年英国物理学家雷诺 (Osborne Reynolds，1842~1912 年，如图 1.3 所示) 进行了著名的圆管流态转捩实验 (图 1.4 和图 1.5)，1883

图 1.3　英国物理学家雷诺 (Osborne Reynolds，1842~1912 年)

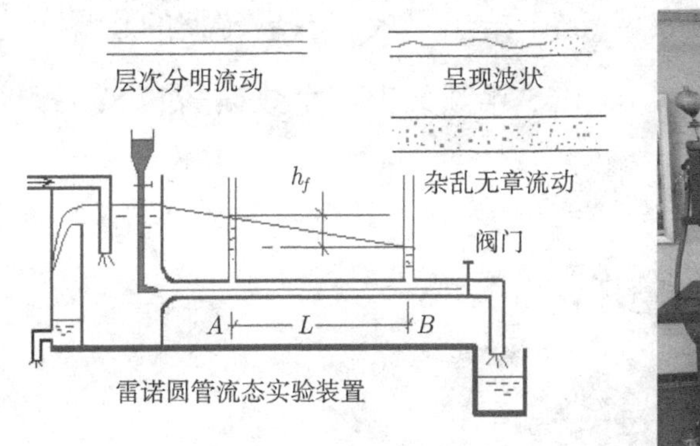

图 1.4 雷诺圆管流态转捩实验装置

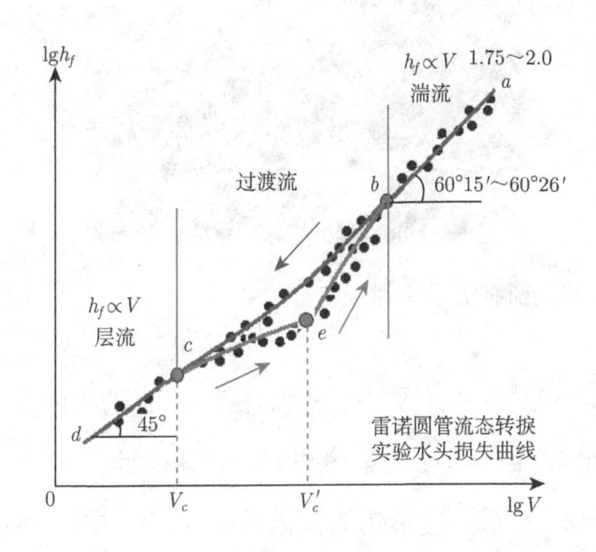

图 1.5 雷诺圆管流态转捩实验结果

年提出层流和湍流的概念，并建议用一个无量纲数 (以后称为雷诺数) 作为判别条件，给出的转捩雷诺数为 2000 (现在取 2320)。对于边界层为湍流流态的观察也早有学者进行，1872 年英国流体力学家弗汝德 (William Froude，1810~1879 年，如图 1.6 所示) 观察到平板阻力与速度的 1.85 次幂成正比，而非层流的一次幂。1914 年普朗特研究圆球阻力时提出湍流边界层概念，1924 年荷兰学者伯格斯 (Burgers) 研究了边界层的转捩，1934 年美国学者德莱顿 (Dryden) 给出平板边界层转捩的临界雷诺数 (以边界层厚度计算) 为 2740，1946 年其又把这个数提高到 8700。

图 1.6　英国流体力学家弗汝德 (William Froude，1810～1879 年)

在后来的研究中，人们更关注扰动在层流流动中的发展，即层流稳定性问题，1880 年英国物理学家瑞利 (Lord Rayleigh，1842～1919 年，如图 1.7 所示) 研究了无黏性影响的微波扰动问题，1907 年德国学者奥尔 (Orr)、1908 年德国学者索末菲 (Sommerfeld) 分别研究了微扰波运动振幅随时间的演变过程，提出著名的微扰稳定性方程，即 Orr-Sommerfeld 方程。1897 年荷兰物理学家洛伦兹 (Hendrik Antoon Lorentz, 1853～1928 年，如图 1.8 所示) 提出微扰动能方程，研究了微扰动能随时间的演变过程。1935 年托尔明、1945 年美国华人流体力学家林家翘等给出了平板间 Poiseuille 流动受阻尼扰动的临界雷诺数，但是用微扰方法研究圆管 Poiseuille 流动的稳定性问题不成功。

图 1.7 英国物理学家瑞利 (Rayleigh，1842~1919 年)

图 1.8 荷兰物理学家洛伦兹 (Hendrik Antoon Lorentz，1853~1928 年)

稳定性理论给不出湍流转捩的物理机制，20 世纪 60 年代美国学者克兰 (Kline) 用氢气泡技术研究了平板边界层的转捩现象 (图 1.9)，发现了边界层失稳先从二维的 (Tollmien-Schlichting, T-S) 波失稳开始，依次出现三维的马蹄涡的拉伸与变形、破碎、喷射与扫掠等复杂的猝发现象，这些构成了稳定性理论的基础。

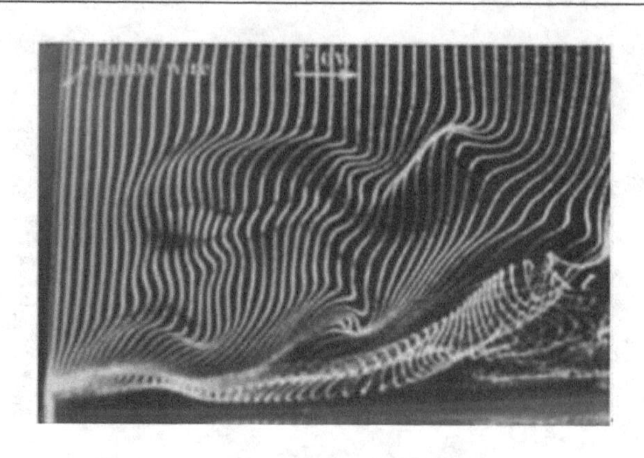

图 1.9　氢气泡显示壁湍流的猝发

层流失稳形成湍流，一个最明显的特征是湍流的随机性。现已发现湍流的随机性特征并不仅仅来自外部边界条件的各种扰动和激励，更重要的是来自内部的非线性机制。混沌的发现大大地冲击了“确定论”，即确定的方程系统并不像著名科学家 Laplace 所说的那样，只要给出定解条件就可决定未来的一切，而是确定的系统可以产生不确定的结果。混沌使确定论和随机论有机地联系起来，使我们更加确信，确定的 Navier-Stokes 方程组 (简称 N-S 方程组) 可以用来描述湍流 (即一个耗散系统受非线性惯性力的作用，在一定的条件下可能发生多次非线性分叉 (Bifurcation) 而最终变成混乱的结构)。用一首词来描述层流的转捩过程：

分裂破碎谁能阻，
乱世勿忘归去路。
大旋涡来忽分裂，
有序无序总相随。

注解：分裂破碎谁能阻表示当绕流雷诺数达到一定值后，层流转捩成湍流是必然的，这是由内部的不稳定性决定的，无法阻挡；乱世勿忘归去路表示形成湍流后平均运动是可分辨的 (可控的)；大旋涡来忽分裂表示大涡突然破裂成小涡；有序无序总相随表示湍流场中存在大涡的拟序结构。

1.3　流态的判别准则 —— 临界雷诺数

实验发现：层流和湍流转捩的临界流速与流体的动力黏性系数成正比，而与管径和流体密度成反比。由量纲分析可得

$$V_c = C\frac{\mu}{\rho D},\quad V_c' = C'\frac{\mu}{\rho D};\qquad C = \frac{\rho V_c D}{\mu},\quad C' = \frac{\rho V_c' D}{\mu} \tag{1.1}$$

把这个无量纲数称为临界雷诺数。对于同一边界特征的流动，下临界雷诺数是稳定的；对于圆管流动，上临界雷诺数是不稳定的，即

$$C' = \frac{\rho V_c' D}{\mu} = f\quad \text{(来流扰动，边界条件)} \tag{1.2}$$

雷诺给出的结果是，Re_c=2000，Schiller 给出的结果为 2320 (目前认为比较精确，普遍用 2300)；后来人们重新分析雷诺实验结果，发现 Re_c=2400。上临界雷诺数是一个变数，与来流扰动直接有关。Barnes 给出的一个上临界值 Re_c=20000，Ekman 在尽量减少扰动的情况下，得到 Re_c=50000，管中水流仍能保持层流。

1.4　湍流现象与定义

就湍流而言，最早开展详细观察的是文艺复兴时期意大利全才科学家达·芬奇 (Da Vinci，1452~1519 年，如图 1.10 所示)，他在海滩上对旋涡和湍流进行定性观察，并用画笔记录下湍流和旋涡的结构 (图 1.11)，他在这幅湍流名画中这样写道：乌云被狂风卷散撕裂，沙粒从海滩扬起，

树木弯下了腰。这清楚地刻画了湍流的分裂破碎、湍涡的卷吸和壁剪切作用等特性。1880 年雷诺进行了转捩实验；1883 年雷诺提出时均值概念，认为湍流的瞬时运动由时均运动和脉动运动组成，不过当时雷诺称湍流为曲折运动；1895 年雷诺从假设湍流瞬时运动满足 N-S 方程组出发，利

图 1.10　意大利全才科学家达・芬奇 (Da Vinci，1452~1519 年)

图 1.11　达・芬奇画 “湍流” 和 “老人与旋涡”

用时均值概念对 N-S 方程组取时均提出描述时均运动的雷诺方程组，从此湍流研究的重点转移到封闭湍流方程的问题上 (其实，瞬时运动物理量是否满足 N-S 方程组，一开始就有争论。其关注点是表征流体运动中的应力与变形率本构关系的牛顿内摩擦定律是否适用于瞬时湍流。此外，N-S 方程组要求物理量是连续可微函数，但实际上从测量结果看，瞬时物理量不一定是连续可微的，也可能是连续函数)。

1883 年雷诺认为：湍流是一种曲折运动 (波动)。1937 年泰勒 (Geoffrey Ingram Taylor，1886~1975 年，如图 1.12 所示) 和冯 · 卡门 (Theodore von Kármán，1881~1963 年，如图 1.13 所示) 认为：湍流是一种不规则的运动，当流体流过固体表面或者相邻同类流体流过或绕过时，一般会在流体中出现这种不规则运动。1959 年荷兰学者欣兹 (Hinze) 认为：湍流是一种不规则的流动状态，但其各种物理量随时间和空间坐标的变化表现出随机性，因而能够辨别出不同的统计平均值。我国学者周培源 (1902~1993 年，如图 1.14 所示) 认为：湍流是一种不规则的旋涡运动。

图 1.12 英国力学家泰勒 (G. I. Taylor，1886~1975 年)

图 1.13　美籍科学家冯 · 卡门 (Theodore von Kármán，1881~1963 年)

图 1.14　著名流体力学家周培源 (1902~1993 年)

湍流在一般教材中的定义：湍流是一种杂乱无章、互相混掺的不规则随机运动。

目前比较公认的看法是：湍流由大小不等、频率不同的旋涡结构组成，使其物理量对时间和空间的变化均表现为不规则的随机性。但 20 世纪 60 年代人们通过实验发现：湍流中既包含着有序的大尺度旋涡结构，也包含着无序的、随机的小尺度旋涡结构。湍流物理量的随机脉动就是由这些大小不同尺度涡共同作用的结果。

在湍流的研究中，形成了以普朗特 (Ludwig Prandtl，1875~1953 年，如图 1.15 所示) 为代表的工程湍流方法 (也包括湍流模式理论) 和以 Taylor 为代表的湍流统计理论，近几十年来，随着计算技术的不断提高，数值研究湍流得到快速发展。

图 1.15 德国力学家、世界流体力学大师普朗特 (Ludwig Prandtl，1875~1953 年)

1.5　湍流的基本特征

1. 湍流的有涡性 (Eddy) 与涡串级理论 (Cascade)

湍流中伴随有大大小小的旋涡运动，旋涡是引起湍流物理量脉动的主要原因 (图 1.16)。一般认为，在一个物理量变化过程中，大涡体产生大的涨落，小涡体产生小的涨落，如果在大涡中还含有小涡，则会在大涨落中含有小涨落 (图 1.17)。由于这些旋涡四周速度方向是相对 (相反) 的，因而会产生大的剪切应力。

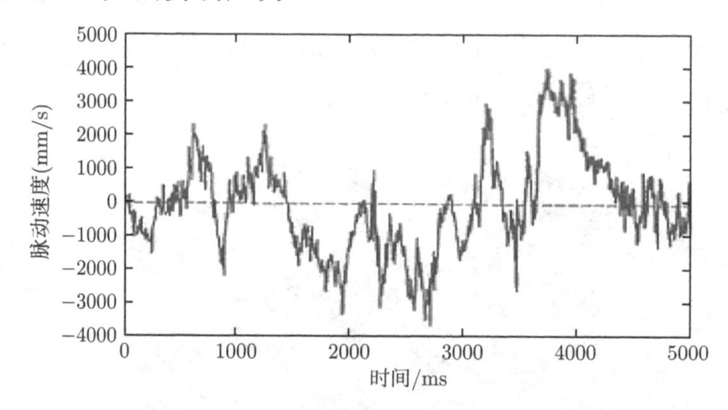

图 1.16　风洞中风速脉动过程

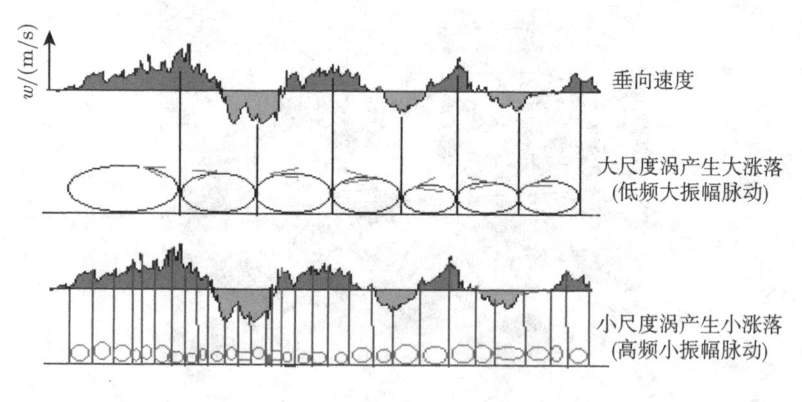

图 1.17　湍流速度脉动与涡结构

2. 湍流的不规则性 (Irregularity)

湍流中流体质点的运动是杂乱无章、无规律的随机游动。但由于湍流场中含有大大小小不同尺度的涡体，理论上并无特征尺度，因此这种随机游动必然要伴随有各种尺度的跃迁。

3. 湍流的随机性 (Random Behavior)

湍流场中质点的各物理量是时间和空间的随机变量，它们的统计平均值服从一定的规律性。近年来随着分形、混沌科学问世和非线性力学的迅速发展，人们对这种随机性有了新的认识。

4. 湍流的扩散性

由于流体质点的脉动和混掺，湍流中动量、能量、热量、质量、浓度等物理量的扩散大大增加，明显大于层流的情况。

5. 湍流能量的耗散性

湍流中的小尺度涡将通过剪切作用，由流体黏性引起大的湍动能耗散，这是因为小尺度涡引起的耗散要比流层间黏性摩擦大得多。

6. 湍流的拟序结构

湍流中的脉动并非完全是不规则的随机运动，而是在表面上看来不规则运动中仍具有可检测的有序运动，这种拟序结构 (Coherent Structure) 对剪切湍流脉动的生成和发展起着主导作用 (图 1.18 和图 1.19)。例如，自由剪切湍流中 (湍流混合层、远场的湍射流和湍尾流等) 拟序结构的发现，清晰地刻画了拟序大尺度涡在这些湍流中的混掺和卷吸作用 (图 1.20)。在壁剪切湍流中条带结构的发现，揭示了在壁面附近湍流生成的机制。

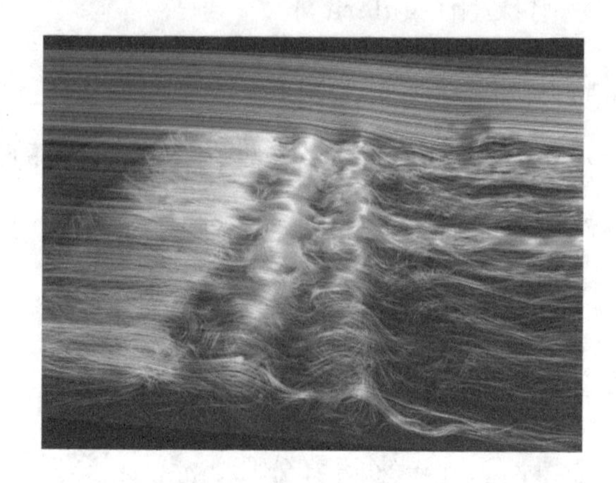

图 1.18　在后台阶绕流的拟序结构

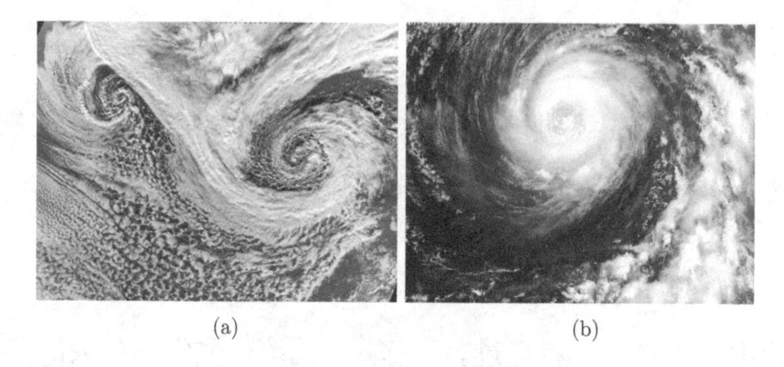

(a)　　(b)

图 1.19　湍流大涡结构

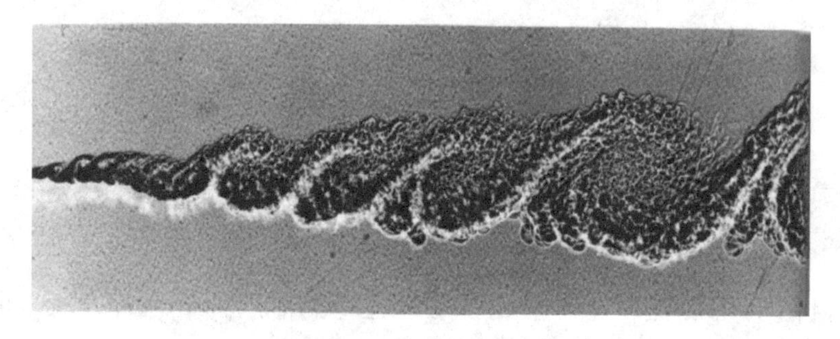

图 1.20　大尺度相干结构 (引自 An Album of Fluid Motion)

7. 湍流的间歇性

最早发现湍流的间歇性 (Intermittency) 是在湍流和非湍流交界区域，如湍流边界层的外区、湍射流的卷吸区等，在这些区域湍流和非湍流是交替出现的。但近年研究表明，即使是在湍流的内部也是间歇的，这是因为在湍流涡体的分裂破碎过程中，大涡的能量最终会串级到那些黏性起主导作用的小涡上，而这些小涡在空间场中仅占据很小的区域。因此湍流的间歇性是普遍的，且也是奇异的 (图 1.21)。

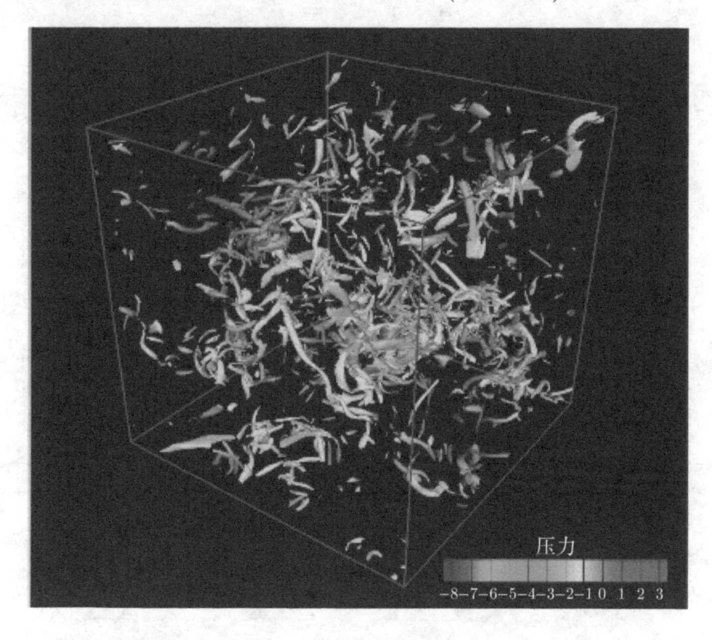

图 1.21 小尺度湍流涡结构

1.6 雷诺的时均值概念

考虑到湍流的随机性，1895 年雷诺首次将瞬时湍流运动分解为时均运动 (描述流动的平均趋势) 与脉动运动 (偏离时均运动的程度) 之和。以后人们又逐渐提出空间分解和统计分解等方法。

1. 时间分解法 (雷诺的时均值概念)

如果湍流运动是一个平稳的随机过程，则在湍流场中任一点的瞬时速度 u 可分解为时均速度与脉动速度之和。对于非平稳的随机过程，严格而言不能用时均分解法，但如果时均运动的特征时间远大于脉动运动的特征时间，且当取时均值时间 T 远小于时均运动的特征时间而又远大于脉动运动的特征时间时，时均值分解仍近似成立：

$$u^*(t) = \bar{u} + u' \tag{1.3}$$

式中，时均速度定义为

$$\bar{u} = \frac{1}{T}\int_0^T u^* \mathrm{d}t = \lim_{T\to\infty}\frac{1}{T}\int_0^T u^* \mathrm{d}t \tag{1.4}$$

这里取时均值的时间 T 要求远大于脉动运动的积分时间尺度 (图 1.22)。

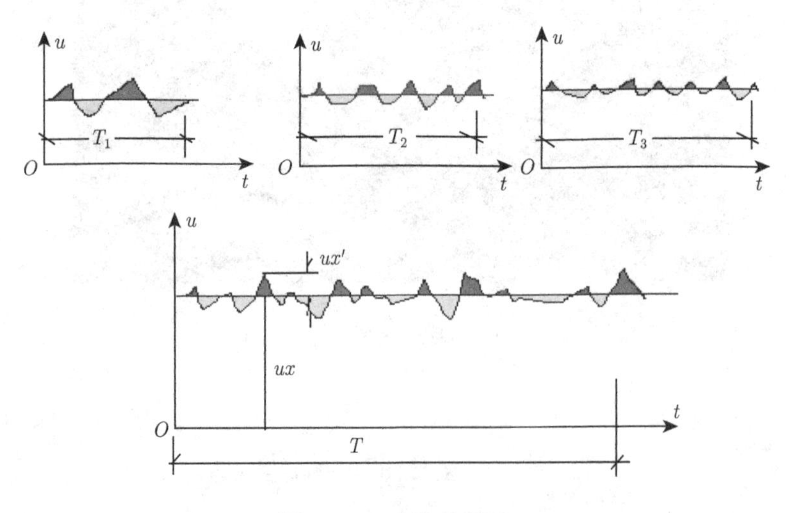

图 1.22　时均值概念

对于非平稳的随机过程，严格而言不能用时均分解法，但如果时均运动的特征时间远大于脉动运动的特征时间，且当取时均值时间 T 远小于时均运动的特征时间而又远大于脉动运动的特征时间时，时均值分解仍近似成立 (图 1.23)。

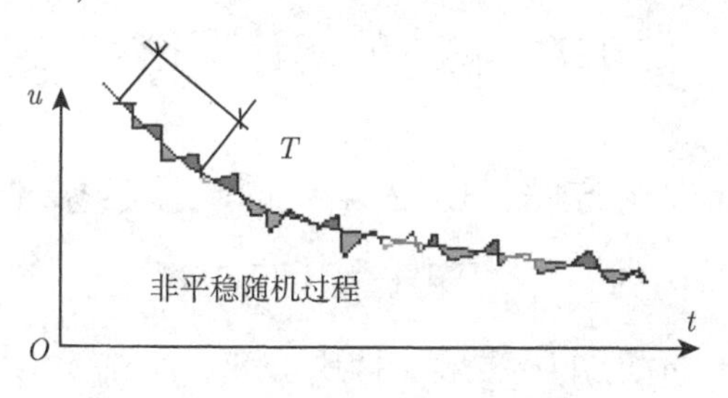

图 1.23 时均值与非定常流动

2. 空间分解法 (空间平均法)

如果湍流场是具有空间均匀性的随机场，则可采用空间平均法对湍流的瞬时量进行空间分解，即

$$\bar{u} = \frac{1}{L}\int_0^L u^* \mathrm{d}x \tag{1.5}$$

3. 系综平均法 (概率意义上的分解)

如果湍流运动既不是时间平稳的，也不是空间均匀的，那么我们可在概率意义上对湍流的瞬时运动进行分解，即

$$\bar{u} = \frac{1}{N}\sum_{i=1} u_i^* = \int_{-\infty}^{\infty} p u^* \mathrm{d}u \tag{1.6}$$

上述三种分解方法，虽然是针对不同性质的湍流场提出的，但在一定条件下它们之间在统计意义上是等价的。由概率论的各态历经性定理 (Ergodic Theorem) 可知，一个随机变量在重复多次实验中出现的所有可能值，也会在相当长的时间内 (或相当大的空间范围内) 在一次实验中重复出现许多次，且出现的概率是相同的。因而，对于时间上平稳、空间

上均匀的湍流场，各物理量按上述三种分解法得到的平均值是相等的。

1.7　湍流的统计理论

在湍流的统计理论方面，1922 年英国气象学家理查森 (Lewis Fry Richardson，1881~1953 年，如图 1.24 所示) 提出湍流的能量串级理论，即大尺度涡通过湍动剪切从基本 (时均或平均) 流动中获取能量，然后再通过黏性耗散和色散 (失稳) 过程，这些大涡串级分裂成不同尺度的小涡，并在涡体的分裂破碎过程中将能量逐级传给小尺度涡 (图 1.25)，直至达到黏性耗散为止。1922 年，理查森给出关于湍流涡串级理论的一首著名的诗：

Big whirls have little whirls,
Which feed on their velocity.
Little whirls have smaller whirls,
And so on to viscosity.
大涡用动能哺育小涡，
小涡照此把儿女养活。
能量沿代代旋涡传递，
但终于耗散在黏滞里。

1935 年，英国科学家 Taylor 提出均匀各向同性湍流理论，给出一系列重要概念，建立了一维能谱关系并提出冻结湍流假设。1938 年，基于两点速度相关函数，美籍科学家卡门和霍沃思 (Howarth) 导出各向同性湍流结构函数的动力学方程，即著名的 K-H 方程。1953 年，英国力学家巴彻勒 (George Keith Batchelor，1920~2000 年，如图 1.26 所示) 进一步研究了均匀各向同性湍流理论。1941 年，苏联统计学大师柯尔莫哥洛夫 (Andreyii Nikolaevich Kolmogorov，1903~1987 年，如图 1.27 所示) 提出局部均匀各向同性理论，并导出湍流结构函数能谱密度分布的 −5/3 幂定律，如图 1.28~图 1.31 所示。1949 年，巴彻勒和汤森德 (Townsend) 发现湍流的间歇性。1967 年，美国科学家 Kline 提出湍流的拟序结构。1991 年 Robinson 绘制出湍流边界层的猝发图形。

图 1.24 英国气象学家理查森 (Lewis Fry Richardson)

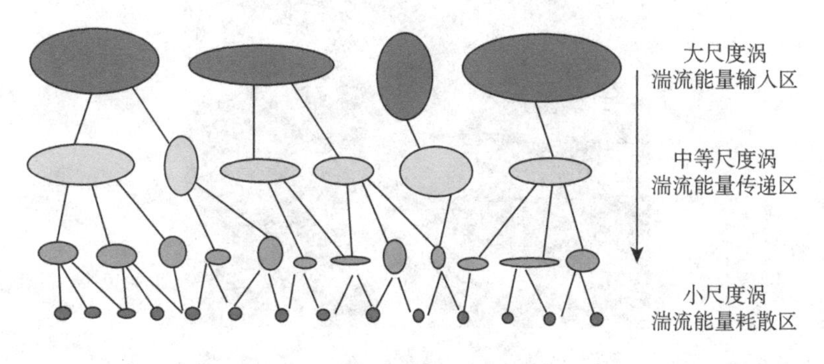

图 1.25 湍涡的能量串级理论

图 1.26　英国力学家巴彻勒 (George Keith Batchelor，1920~2000 年)

图 1.27　苏联统计学大师柯尔莫哥洛夫 (Andreyii Nikolaevich Kolmogorov，1903~1987 年)

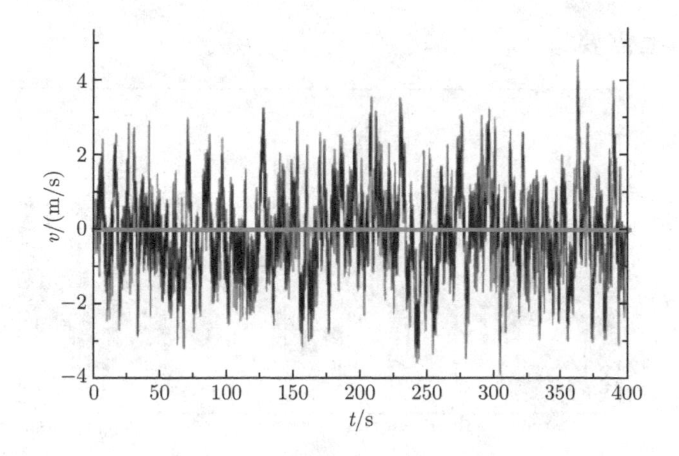

图 1.28 具有正态概率分布的湍流脉动速度过程 (流向)

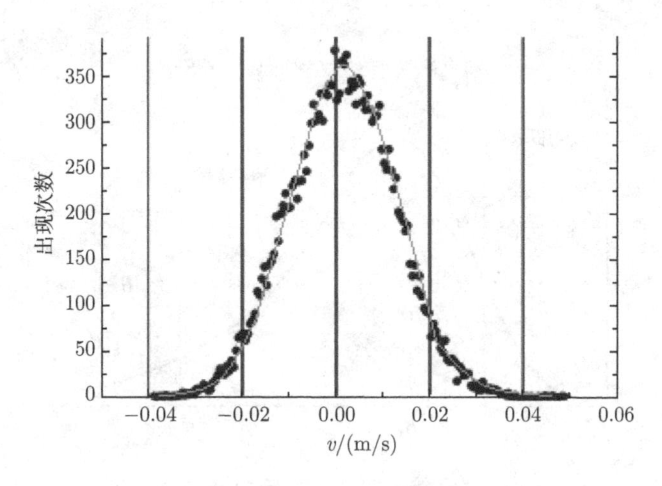

图 1.29 湍流脉动速度的正态概率分布

关于均匀各向同性的湍流，Taylor 提出一个小尺度湍涡诱导流场的理想模式，如图 1.32~图 1.34 所示。但这些小尺度湍涡的形状如何，至今不得而知。它们如何存在于湍流场中？其涡形是涡片、涡管、涡丝、涡块、涡豆吗？如果存在小尺度涡形，均匀各向同性湍流是否指由这些小尺度湍涡诱导的流场是均匀各向同性的？均匀各向同性湍流起什么作用？起耗散作用吗？机制是什么？与流体黏性的耗散机制有何异同？这些问题从认知层面上需要进一步澄清。

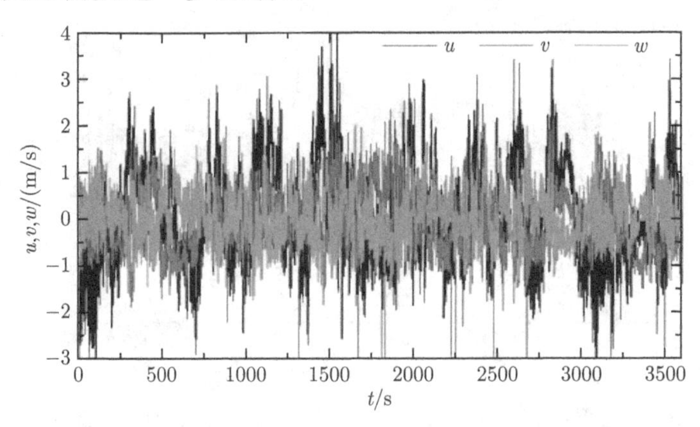

图 1.30　均匀各向同性的湍流 (三个坐标轴向的脉动速度分量)

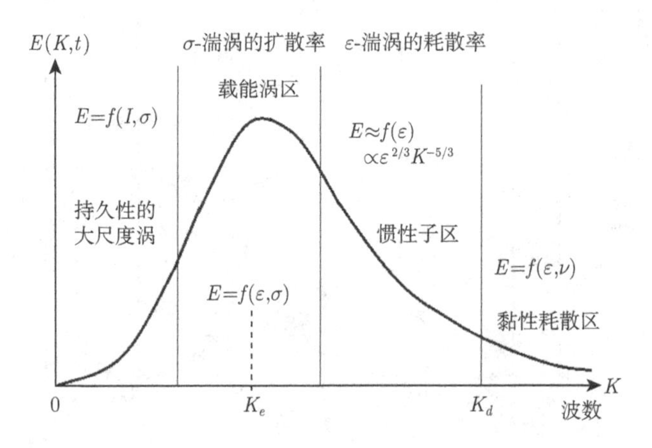

图 1.31　各向同性湍流三维能谱密度分布

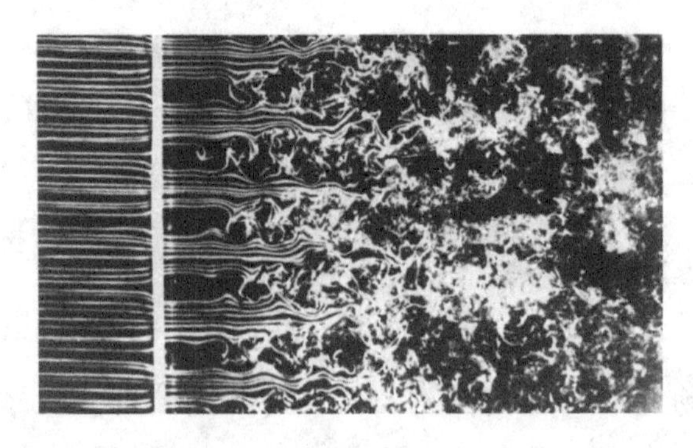

图 1.32　网格后的湍流结构 (引自 An Album of Fluid Motion)

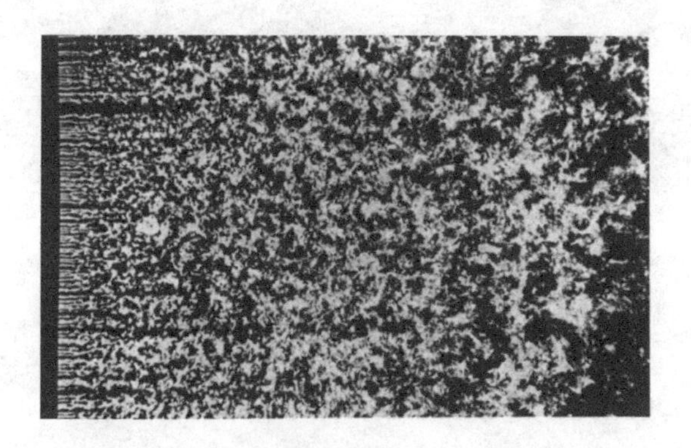

图 1.33 网格后均匀各向同性的湍流 (引自 An Album of Fluid Motion)

图 1.34 大气中的均匀湍涡结构

第 2 章　湍流的基本方程组

2.1　概　　述

众所周知，湍流是多尺度、多结构、不规则的空间和时间变化的运动，具有很强的扩散性和耗散性。从流动结构上看，湍流是由不同尺度的旋涡结构叠加和诱导的复杂流场，这些涡的大小及旋转轴的方向分布是随机的。大尺度的涡主要由流动的边界条件决定，其尺寸可以与流场的大小相比拟，其主要是受惯性影响而存在，是引起流场低频脉动的主要原因；而小尺度的涡主要是由黏性力决定，其尺寸可能只有流场尺度的千分之一或更小的量级，是引起流场高频脉动的主要原因。大尺度的涡破裂后形成小尺度的涡，小尺度的涡破裂后形成更小尺度的涡。在充分发展的湍流区域内，旋涡尺寸可在相当宽的范围内连续变化。大尺度的涡不断地从主流获得能量，通过涡间的非线性相互作用，能量逐渐向小尺度的涡传递。最后由于流体黏性的作用，小尺度的涡不断消失，机械能转化为流体的热能而消散。同时由于边界的作用、扰动及速度梯度的作用，新的涡旋又不断产生，湍流运动得以发展、维持和延续。

自从 1895 年英国力学家雷诺用描述不可压缩流体瞬时运动的 N-S 方程组取时均而获得表征湍流时均运动的雷诺方程组以来，N-S 方程组适用于瞬时湍流运动基本上被人们所接受。因此，现在一种普遍的观点是，无论湍流运动多么复杂，非定常的连续性方程和 N-S 方程组适用于任何湍流的瞬时运动。但是，湍流所具有的强烈瞬态性和非线性使得与湍流时空相关的全部细节无法用解析的方法精确获得，况且湍流流动的全部信息对于工程而言实际意义也不大，因为在工程应用中，人们所关心的是湍流场的平均和统计量特性。这样，就出现了对湍流进行不同简化处理的数学方法。其中，最原始的方法是基于时间平均或统计平均建立起来的时均化模拟方法。但这种基于时均方程与湍流模式的研究方法只适用于模拟湍流统计量的变化规律，不能够从根本上模拟湍流的细节。为了使湍流计算更能反映不同尺度的旋涡运动，人们后来又发展了大涡模拟、分离涡模拟与直接数值模拟等。下面首先给出湍流的精确方程组。

2.2 瞬时湍流的微分方程组

在直角坐标系中，描述不可压缩流体瞬时运动的 N-S 方程组如下。

瞬时运动方程：

$$\begin{aligned}&\frac{\partial u_i^*}{\partial t}+u_j^*\frac{\partial u_i^*}{\partial x_j}\\&=F_i^*-\frac{1}{\rho}\frac{\partial p^*}{\partial x_i}+\frac{1}{\rho}\frac{\partial}{\partial x_j}\left(\mu\frac{\partial u_i^*}{\partial x_j}\right)\end{aligned}\tag{2.1}$$

连续方程：

$$\frac{\partial u_i^*}{\partial x_i}=0\tag{2.2}$$

式中，u_i^* 和 p^* 分别为湍流场的瞬时流速分量和压强；ρ 和 μ 分别为流体的密度和动力黏滞系数；F_i^* 为单位质量力的瞬时分量。

2.3 时均运动微分方程组

雷诺基于时均值的概念，将瞬时量分解为时均量和脉动量之和，于 1895 年从不可压缩的 N-S 方程组出发导出了表征湍流时均运动的雷诺

方程组，即

$$u_i^* = u_i + u_i', \quad p^* = p + p'$$

时均运动方程：

$$\frac{\partial u_i}{\partial t} + u_j \frac{\partial u_i}{\partial x_j} = -\frac{1}{\rho}\frac{\partial p}{\partial x_i} + \frac{1}{\rho}\frac{\partial}{\partial x_j}\left(\mu \frac{\partial u_i}{\partial x_j} - \rho\overline{u_i'u_j'}\right) + F_i \tag{2.3}$$

连续方程：

$$\frac{\partial u_i}{\partial x_i} = 0 \tag{2.4}$$

其中，$i, j = 1, 2, 3$；u_i 和 u_i' 为时均速度分量和脉动速度分量；p 为时均压强；F_i 为单位质量体积力的时均值；$-\rho\overline{u_i'u_j'}$ 为脉动速度二阶相关项，也称为雷诺应力项或湍动应力项，物理上被解释为由脉动运动引起的动量交换项。

2.4　时均动能输运方程

湍流时均动能输运方程可通过雷诺方程组导出，它是人们了解湍流能量输运和耗散机理的重要方程之一。现用 u_i 乘以式 (2.3) 的两边，并去掉质量力项，有

$$u_i\frac{\partial u_i}{\partial t} + u_i u_j \frac{\partial u_i}{\partial x_j} = -u_i\frac{1}{\rho}\frac{\partial p}{\partial x_i} + u_i\frac{1}{\rho}\frac{\partial}{\partial x_j}\left(\mu \frac{\partial u_i}{\partial x_j} - \rho\overline{u_i'u_j'}\right) \tag{2.5}$$

令 $E = \dfrac{u_i^2}{2}$ 为单位质量流体的时均动能，并利用连续方程，整理后可得

$$\frac{\partial E}{\partial t} + u_j \frac{\partial E}{\partial x_j} = -\frac{u_i}{\rho}\frac{\partial p}{\partial x_i} + u_i\frac{1}{\rho}\frac{\partial}{\partial x_j}\left(\mu \frac{\partial u_i}{\partial x_j} - \rho\overline{u_i'u_j'}\right) \tag{2.6}$$

或

$$\frac{\partial E}{\partial t} + u_j \frac{\partial E}{\partial x_j} = \frac{\partial}{\partial x_j}\left(-\frac{p}{\rho}u_j + \nu\frac{\partial E}{\partial x_j} + \frac{(-\rho\overline{u_i'u_j'})}{\rho}u_i\right)$$

$$-\frac{1}{\rho}\left(-\rho\overline{u_i'u_j'}\frac{\partial u_i}{\partial x_j}\right)-\nu\frac{\partial u_i}{\partial x_j}\frac{\partial u_i}{\partial x_j} \tag{2.7}$$

式中，$\nu\left(=\frac{\mu}{\rho}\right)$ 为流体的运动黏性系数。这两个方程均为湍流时均动能的输运方程。式 (2.7) 中各项的物理意义是：

(1) 左边两项分别表示时均动能的局部和对流输运变化率；

(2) 右边第一项表示因时均压强、时均黏性应力和湍动应力所做的功率之和，为时均动能的扩散输运变化率；

(3) 右边第二项为湍动应力所做的变形功率，对时均运动产生负贡献 (损失)，相当于从时均运动中取出能量提供给湍流脉动，是湍动产生项；

(4) 右边第三项表示时均黏性应力所做的变形功率，是时均动能的黏性耗散项。

归结起来，式 (2.7) 表明，单位质量流体微团时均运动动能随时间的变化率 $\frac{\mathrm{D}\left(\frac{1}{2}u_iu_i\right)}{\mathrm{D}t}\left(\frac{\mathrm{D}}{\mathrm{D}t}=\frac{\partial}{\partial t}+u_k\frac{\partial}{\partial x_k}\right)$ 取决于时均压强、时均黏性应力和湍动应力对机械能的输运，以及时均运动的黏性耗散和时均运动动能向湍动能的转化。

2.5 湍流应力输运方程

1. 脉动速度输运方程

由瞬时运动方程 (2.1) 减去时均运动方程 (2.3)，得湍流脉动速度方程 (不计质量力)，即

$$\frac{\partial u_i'}{\partial t}+\frac{\partial(u_iu_j'+u_ju_i'+u_i'u_j')}{\partial x_j}=-\frac{1}{\rho}\frac{\partial p'}{\partial x_i}+\frac{1}{\rho}\frac{\partial}{\partial x_j}\left(\mu\frac{\partial u_i'}{\partial x_j}+\rho\overline{u_i'u_j'}\right) \tag{2.8}$$

$$\frac{\partial u_i'}{\partial x_i}=0 \tag{2.9}$$

2. *湍动应力输运方程*

用脉动速度 u_j' 乘以脉动速度 u_i' 的输运方程 (2.8)，再加上用脉动速度 u_i' 乘以脉动速度 u_j' 的输运方程后，取时均运算得湍动应力输运方程，即

$$\begin{aligned}&\frac{\partial \overline{u_i'u_j'}}{\partial t}+u_k\frac{\partial \overline{u_i'u_j'}}{\partial x_k}\\&=\frac{\partial}{\partial x_k}\left[-\overline{u_i'u_j'u_k'}-\overline{\frac{p'}{\rho}\left(\delta_{jk}u_i'+\delta_{ik}u_j'\right)}+\nu\frac{\partial \overline{u_i'u_j'}}{\partial x_k}\right]\\&\quad+\left(-\overline{u_i'u_k'}\frac{\partial u_j}{\partial x_k}-\overline{u_j'u_k'}\frac{\partial u_i}{\partial x_k}\right)-2\nu\overline{\frac{\partial u_i'}{\partial x_k}\frac{\partial u_j'}{\partial x_k}}+\overline{\frac{p'}{\rho}\left(\frac{\partial u_i'}{\partial x_j}+\frac{\partial u_j'}{\partial x_i}\right)}\end{aligned} \tag{2.10}$$

式中，等号右边第一项为由湍动应力和黏性应力引起的扩散项；第二项为湍动应力产生项；第三项为湍动应力耗散项；第四项为压力应变率 (Pressure-Strain) 相关项，也称为湍流脉动能量的再分配项。这个输运方程是 1940 年由我国著名科学家周培源教授建立的。

2.6 湍动能输运方程

对式 (2.10) 进行指标缩并，取 $i=j$，令 $K=\dfrac{\overline{u_i'u_i'}}{2}$ 为单位质量流体的湍动能，则得 K 方程为

$$\begin{aligned}&\frac{\partial K}{\partial t}+u_j\frac{\partial K}{\partial x_j}\\&=\frac{\partial}{\partial x_j}\left(-\overline{\frac{u_i'u_i'}{2}u_j'}-\frac{\overline{p'u_j'}}{\rho}+\nu\frac{\partial K}{\partial x_j}\right)-\overline{u_i'u_j'}\frac{\partial u_i}{\partial x_j}-\nu\overline{\frac{\partial u_i'}{\partial x_j}\frac{\partial u_i'}{\partial x_j}}\end{aligned} \tag{2.11}$$

同样，式 (2.11) 右边第一项为湍动能扩散项，表示因湍动应力、脉动压力和脉动黏性应力对湍动能的输运；第二项为湍动能产生项，第三项为湍动能耗散项，表示流体微团的脉动黏性应力抵抗脉动变形率所做的变形功率，它总是将部分湍动能转化为热能而消散。

2.7 湍动能耗散率输运方程

根据湍动能输运方程 (2.11) 各项的物理意义，湍动能耗散率 ε 定义为

$$\varepsilon = \nu \overline{\frac{\partial u_i'}{\partial x_j}\frac{\partial u_i'}{\partial x_j}}, \quad \varepsilon' = \nu \frac{\partial u_i'}{\partial x_j}\frac{\partial u_i'}{\partial x_j} \tag{2.12}$$

在湍流中存在不同尺度的湍动涡体，大尺度涡源源不断地从时均运动中提取能量，然后逐级传递给小尺度涡，最终在某一级小尺度涡下将传来的能量通过黏性而耗散。因此，湍动能耗散过程主要发生在分子输运起作用的小尺度涡范围内，但其能量是由大尺度涡提供的。这样，耗散率的数值决定于由大尺度涡向小尺度涡传递能量的速率，相当于不同尺度涡之间的能流，因此湍动能耗散率 ε 也可看成是一个湍动输运量，有其自身的输运方程。湍动能耗散率 ε 输运方程的推导过程是：将湍流脉动速度 u_i' 方程 (2.8) 对 x_j 求偏导，然后乘以 $2\nu\dfrac{\partial u_i'}{\partial x_j}$，再取时均运算，便得如下 ε 的精确方程，推导过程可参阅有关文献。

$$\begin{aligned}
&\frac{\partial \varepsilon}{\partial t} + u_j \frac{\partial \varepsilon}{\partial x_j} \\
&= \frac{\partial}{\partial x_k}\left(-\overline{\varepsilon' u_k'} - \frac{2}{\rho}\nu \overline{\frac{\partial u_k'}{\partial x_j}\frac{\partial p'}{\partial x_j}} + \nu \frac{\partial \varepsilon}{\partial x_k}\right) \\
&\quad - 2\nu \overline{u_k' \frac{\partial u_i'}{\partial x_j}}\frac{\partial^2 u_i}{\partial x_k \partial x_j} - 2\nu \frac{\partial u_i}{\partial x_j}\left(\overline{\frac{\partial u_k'}{\partial x_i}\frac{\partial u_k'}{\partial x_j}} + \overline{\frac{\partial u'_i}{\partial x_k}\frac{\partial u_j'}{\partial x_k}}\right)
\end{aligned}$$

$$
-2\nu\overline{\frac{\partial u_i'}{\partial x_j}\frac{\partial u_i'}{\partial x_k}\frac{\partial u_j'}{\partial x_k}}-2\overline{\left(\nu\frac{\partial^2 u_i'}{\partial x_j\partial x_k}\right)^2} \tag{2.13}
$$

式中，右边第一项为湍动能耗散率的扩散输运项 (包括湍动输运和黏性输运)；第二项和第三项为湍动能耗散率的产生项；第四项为由湍动旋涡伸长变形引起的产生或破毁项 (Destruction)；第五项为黏性耗散项。

第 3 章　不可压缩湍流模式

3.1　湍流方程组的不封闭问题

在时均运动的雷诺方程组中所出现的湍动应力项 (也即脉动速度二阶相关项) 是未知的，从而导致雷诺方程组不封闭。如果继续建立二阶相关项的输运方程，则会引出三阶相关项的未知量，方程仍是不封闭的，以此类推，三阶方程会出现四阶相关项未知量，四阶方程会出现五阶相关项未知量，……，方程永不能封闭，这就是著名的湍流方程组的不封闭问题。为了封闭湍流基本方程组，使之成为工程湍流计算的基础，必须借助于经验假设建立各种脉动量相关的统计值补充方程，特别是湍动应力的补充方程。从 20 世纪 20 年代起，以德国流体力学家普朗特为代表的从实用角度出发研究湍流工程计算的实用湍流理论，即半经验理论 (Semi-Empirical Theory)。后来从 20 世纪 40 年代起开始研究的湍流模式理论，其实也属于半经验理论的范畴。实用湍流理论的实质是以雷诺时均运动方程和有关脉动量输运方程为基础，依靠理论和经验的结合，引进一系列模化假设，建立一组湍流时均运动的封闭方程组来解决湍流工程计算的方法论。

应说明的一点是，按照定义，模式是人们解决某一类问题的方法论，把解决某类问题的方法总结归纳到理论高度，就是模式。它是从生产经验和生活经验中经过抽象和升华提炼出来的核心知识体系。每个模式都描述了一个在我们环境中遇到的问题，也描述了该问题解决方案的核心。

通过这种方式，人们可以无数次地使用那些已有的解决方案，无须再重复相同的工作。模式也是一种指导，在一个良好的指导下，人们会得到解决问题的最佳办法，所以模式也是一套被验证过的问题的解决方案。与模式相比，模型既可以指实物 (如飞机模型)，也可以指一个概念或设想，如思维模型。但无论是实物模型还是概念模型，其目的是相通的，即帮助人们清晰地外化大脑中的想法。实物模型也只是人们将大脑中的想法更直观和可视化表征的一种工具。

为此，本书采用了湍流模式，而非多数教科中所称的湍流模型。

3.2　湍涡黏性概念

基于唯象学原理，1877 年法国力学家布辛尼斯克 (Joseph Valentin Boussinesq，1842~1929 年，如图 3.1 所示) 首先将湍流脉动产生的附加切应力 (后来称为雷诺应力) 与黏性应力进行比拟，提出著名的涡黏性假设，建立了雷诺应力与时均速度梯度之间的比拟关系。虽然涡黏性的概念早于雷诺方程组的出现，但却为后来的工程湍流计算奠定了基础。对于简单的近壁区时均二元流动 (图 3.2 和图 3.3)，湍动切应力 (雷诺应力) 可表达为

$$\tau_t = -\rho\overline{u'\mathrm{v}'} = \rho\nu_t\frac{\partial u}{\partial y} \tag{3.1}$$

式中，ν_t 为涡黏性系数 (Turbulent or Eddy Viscosity)。相对比，时均流产生的黏性切应力为

$$\tau_l = \rho\nu\frac{\partial u}{\partial y}$$

作用于流层之间的总切应力为

$$\tau_0 = \tau_t + \tau_l = \rho\left(\nu + \nu_t\right)\frac{\partial u}{\partial y}$$

其中，与分子黏性系数 ν 相比，涡黏性系数 ν_t 不是流体的物理属性，而是湍流运动状态的函数。

图 3.1 法国力学家布辛尼斯克 (Joseph Valentin Boussinesq，1842~1929 年)

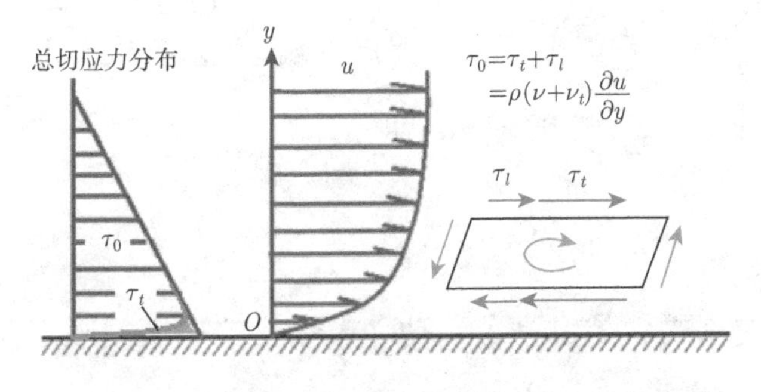

图 3.2 近壁区剪切湍流

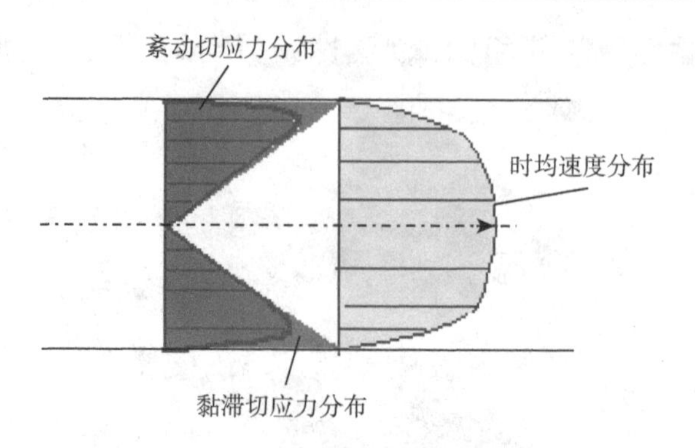

图 3.3　管道速度和应力分布

后经 Hinze 等推广到三维流动中，即

$$-\overline{u_i'u_j'} = -\frac{2}{3}K\delta_{ij} + \nu_t\left(\frac{\partial u_j}{\partial x_i} + \frac{\partial u_i}{\partial x_j}\right) \tag{3.2}$$

这样湍流方程的封闭问题，就归结为如何确定 ν_t 的大小和分布。起初 Boussinesq 认为 ν_t 是常数，后来人们发现 ν_t 不仅对不同的流动问题取值不同，且对同一流动问题也不一定是常数，根据湍流运动特性，ν_t 可在流场中发生明显的变化。如果把湍流场看成是由一系列大小不同流体团的碰撞和动量交换的结果，则从唯象学观点出发，如同分子黏性系数那样 (分子黏性系数正比分子运动的平均速度 C 和平均自由程 l, $\nu \propto Cl$) 认为：涡黏性系数 ν_t 正比于表征大尺度涡 (载能涡) 运动的特征速度尺度 V 和特征长度尺度 l_t 的乘积，即

$$\nu_t \propto Vl_t \tag{3.3}$$

涡黏性概念的重要性是引进了湍动动量输运的梯度型假定，这一假定得到广泛的应用。但值得一提的是，正如 Corrsin 和 Bradshaw 所指出的那样，分子运动和湍流运动相类比在原理上是不正确的。这是因为湍流旋涡并不是保持不变的刚性质点，而是随时均运动发生不断变形、伸缩、

分解和破碎的，且对动量交换起主要作用的大涡的“平均运移程”与流动区域相比也不是小量。

3.3　零方程模式 (混合长理论)

根据湍流运动特性，ν_t 的大小和分布在流场中发生明显的变化。按照量纲分析和湍流研究结果，涡黏性 ν_t 由载能涡的特征长度尺度和特征速度尺度决定，即

$$\nu_t \propto l_t V_t$$

其中，l_t 表示载能涡长度尺度；V_t 表示载能涡速度尺度。湍动应力与黏性应力的比值为

$$\frac{\tau_t}{\tau_l} = \frac{-\rho\overline{u'\mathrm{v}'}}{\rho\nu\dfrac{\partial u}{\partial y}} = \frac{\rho\nu_t\dfrac{\partial u}{\partial y}}{\rho\nu\dfrac{\partial u}{\partial y}} = \frac{\nu_t}{\nu} = \frac{l_t V_t}{\nu} = Re_t$$

式中，Re_t 表征大尺度湍涡运动特性雷诺数，称为湍动雷诺数。一般取 $Re_t=10^3\sim10^5$。

1925 年普朗特基于分子运动论的比拟，提出混合长理论 (Mixing-Length Hypothesis)，并在 1932 年德国学者尼古拉兹 (Nikuradse) 沙粒管道阻力实验结果的基础上，解决了管道湍流时均速度分布和阻力损失问题，导出著名的对数速度分布公式，对 1858 年法国工程师达西 (Darcy) 和德国学者魏斯巴赫 (Weisbach) 提出的阻力损失公式中沿程阻力系数给出半经验半理论解。

按照普朗特的混合长理论，对于剪切湍流，普朗特认为：湍流涡体的特征速度 V_t 正比于时均速度梯度和混合长度 (流体质点受湍涡的作用发生自由混掺的平均尺度，与湍涡的平均尺度同量级) 的乘积，也就是

$$V_t \propto l_m \left|\frac{\partial u}{\partial y}\right| \tag{3.4}$$

利用上式，并将比例系数吸收在混合长 l_m 中，则可得到

$$\tau_t = -\overline{\rho u'v'} = \rho l_m^2 \frac{\partial u}{\partial y}\left|\frac{\partial u}{\partial y}\right|, \quad \nu_t = l_m^2 \left|\frac{\partial u}{\partial y}\right| \tag{3.5}$$

在近壁湍流中 (图 3.4)，靠近壁面附近受壁面影响，脉动速度很小，湍流切应力也很小，但流速梯度很大，黏性切应力起主导作用，速度分布是线性的，这一层区称为黏性底层区。在黏性底层外区是湍流核心区，此时湍动切应力起主导作用，速度分布符合对数或幂次分布。在湍流核心区和黏性底层区之间为过渡区。黏性底层不是层流，也不是完全湍流，在这层内存在湍斑。黏性底层厚度与壁面粗糙度直接影响沿程损失。在近壁湍流区，假设湍动切应力近似等于壁面切应力 τ_w，以及混合长与质点到壁面的距离 y 成正比，即 l_m=ky (k 为卡门常数 ≈0.4)，得

$$\frac{\tau_w}{\rho} = k^2 y^2 \left(\frac{\mathrm{d}u}{\mathrm{d}y}\right)^2$$

积分上式得到著名的近壁区时均速度对数分布曲线。

$$\frac{u}{u^*} = \frac{1}{k}\ln\frac{u^* y}{\nu} + C \tag{3.6}$$

其中，C 为常数；$u^* = \sqrt{\dfrac{\tau_w}{\rho}}$ 为摩阻速度。

对于一般的三维流动问题，式 (3.5) 推广为

$$\nu_t = l_m^2 \left[\left(\frac{\partial u_i}{\partial x_j} + \frac{\partial u_j}{\partial x_i}\right)\frac{\partial u_i}{\partial x_j}\right]^2 \tag{3.7}$$

这个模式建立了涡黏性系数和当地时均速度梯度的关系，现在的问题归结到如何确定未知参数 l_m。对于常见的一些剪切层流动问题 (图 3.5)，混合长由比较简单的经验关系式确定。若用 b 表示剪切层的厚度 (对于

壁面边界层为边界层厚度 δ, 对于自由射流为射流的半厚度), 则 l_m 与 b 关系由表 3.1 列出。

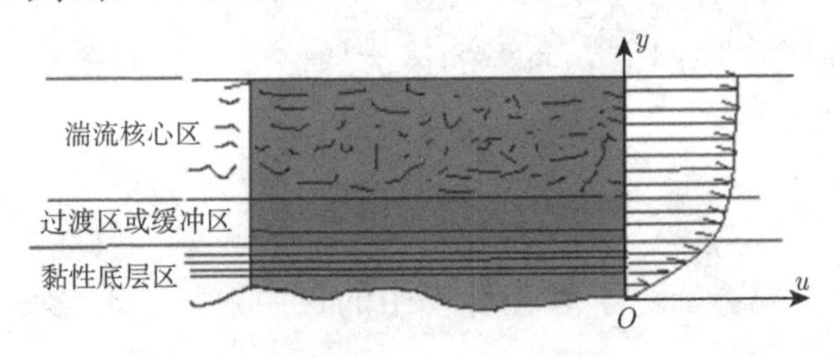

图 3.4 近壁区湍流结构

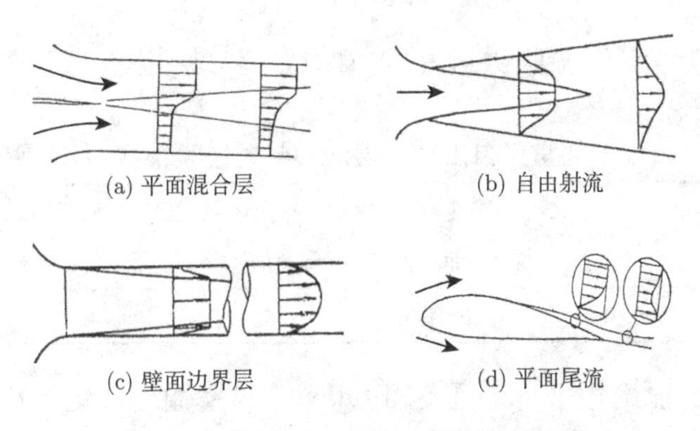

图 3.5 一些常见的剪切层流动问题

表 3.1 一些常见剪切层流动问题的混合长取值

流动类型	平面混合层	壁面边界层	静止环境平面射流	静止环境圆射流	静止环境径向射流	平面尾流
l_m	$l_m = 0.7b$	内层 $l_m = 0.41y$ 外层 $l_m = 0.09b$	$l_m = 0.9b$	$l_m = 0.075b$	$l_m = 0.125b$	$l_m = 0.16b$

注: y— 离开壁面的高度。

1942 年, 普朗特通过对自由剪切层 (混合层, 射流和尾流) 流动问题的研究, 进一步提出了一个适用于这类流动的更为简单的涡黏性模式。普朗特认为在自由剪切层流动问题中, 因没有壁面的限制和影响, 确定

涡黏性系数 ν_t 不能用壁面律而应采用尾迹律，即 ν_t 在剪切层的任一横断面上是常数，湍动涡体的特征长度尺度正比于剪切层的厚度 b，特征速度尺度正比于剪切层横断面上的最大速度差。则由式 (3.4) 可知

$$\nu_t = \alpha b \left| u_{\max} - u_{\min} \right| \tag{3.8}$$

式中，α 为经验常数。对于静止环境中的自由射流，式 (3.8) 可写成

$$\nu_t = \alpha b u_m \tag{3.9}$$

不同的流动类型，经验常数 α 的取值由表 3.2 给出。

表 3.2 一些常见自由剪切层流动问题经验常数 α 的取值

流动类型	平面混合层	静止环境平面射流	静止环境圆射流	静止环境径向射流	平面尾流
经验常数 α	0.01	0.014	0.011	0.019	0.026

与混合长理论相平行的还有 Taylor 的涡量输运理论、卡门的相似性理论等。由于这些模式只考虑了湍动应力和时均速度梯度的关系，未引入表征湍流高阶统计量的微分方程，故被称为半经验理论或零方程模式 (Zero-Equation Model)。半经验理论成功地解决了诸如湍流边界层、湍射流、湍动尾流和管道湍流等一些剪切层流动问题时均物理量的湍流计算，可以说在计算机出现之前是湍流工程计算的主要依据，甚至目前仍然是工程上广泛采用的一类模式。

3.4 一方程模式

虽然混合长模式较为成功地解决了一些剪切层流动问题，但由于其在模化过程中仅着眼于涡黏性与时均量的关系，而未考虑湍流的扩散和

对流输运，即假定湍流处于局部平衡状态，认为流场中任一点处湍动能量的产生和耗散是相等的，这意味着任一点的湍动量不可能通过湍动输运而影响流场中的其他点，显然这是不合理的，由此导致混合长模式存在下列若干缺点：① 混合长模式中的经验常数缺乏通用性，不同的流动问题经验常数取值不同；② 混合长模式不适用于处理那些湍动输运过程起主要作用的流动问题，如快速发展的流动、弱剪切流动和分离流动等；③ 对于较复杂的流动问题，混合长 l_m 值不易确定。

3.4.1 湍动能 *K* 方程模式

为了克服混合长模式的这些缺陷，Kolmogorov 和 Prandtl 首先提出一方程模式 (One-Equation Model)。他们的基本思想是用湍动能 K $(=\overline{u_i'u_i'}/2)$ 来代替湍流速度尺度 V，即取

$$V = \sqrt{K} \tag{3.10}$$

式中，K 用微分输运方程来描述。这样，涡黏性系数 ν_t 写成

$$\nu_t = C_\mu' \sqrt{K} L \tag{3.11}$$

这就是著名的 Kolmogorov-Prandlt 表达式。式中，C_μ' 为通用常数；L 为湍流特征长度尺度，由实验确定。湍动能 K 方程模式由精确方程 (2.11) 通过模化获得。在 K 的精确方程

$$\frac{\partial K}{\partial t} + u_j \frac{\partial K}{\partial x_j} = \frac{\partial}{\partial x_j}\left[-\frac{\overline{u_i'u_i'}}{2}u_j' - \frac{\overline{p'u_j'}}{\rho} + \nu\frac{\partial K}{\partial x_j}\right] - \overline{u_i'u_j'}\frac{\partial u_i}{\partial x_j} - \nu\overline{\frac{\partial u_i'}{\partial x_j}\frac{\partial u_i'}{\partial x_j}}$$

中，需要模化的有湍动能扩散项和湍动能耗散率 ε。对于湍动能扩散项，通常假定与 K 的梯度成正比 (梯度型假定)，即

$$-\frac{\overline{u_i'u_i'}}{2}u_j' - \frac{\overline{p'u_j'}}{\rho} = \frac{\nu_t}{\sigma_K}\frac{\partial K}{\partial x_j} \tag{3.12}$$

式中，σ_K 为经验系数。湍动能耗散过程虽然主要发生在黏性起作用的小尺度涡范围内，但湍动能耗散率 ε 的大小是由大尺度涡提供的，这些大尺度的涡可用 $V(=\sqrt{K})$ 和 L 来表征。假设圆球的直径为 d (图 3.6)，以速度 V_0 在空气中做匀速直线运动，则其所受的空气阻力为

$$F_d=\frac{1}{2}\rho V_0^2C_d\frac{\pi}{4}d^2$$

小球在运动时克服空气阻力所消耗的功率为

$$P_w=F_dV_0=\frac{1}{2}\rho V_0^3C_d\frac{\pi}{4}d^2$$

按照定义，小球单位质量所消耗的功率为

$$\varepsilon=\frac{P_w}{\rho\left(\dfrac{\pi}{6}d^3\right)}=\frac{\dfrac{1}{2}\rho V_0^3C_d\dfrac{\pi}{4}d^2}{\rho\left(\dfrac{\pi}{6}d^3\right)}=\frac{3}{4}C_d\frac{V_0^3}{d}\tag{3.13}$$

图 3.6　小球匀速直线运动所受的空气阻力

对于湍涡而言，在涡体的运动过程中单位质量所消耗的湍动能，可参照式 (3.13) 或量纲分析，得到

$$[\varepsilon]=\left[\nu\overline{\frac{\partial u_i'}{\partial x_j}\frac{\partial u_i'}{\partial x_j}}\right]=\left[LV\frac{V}{L}\frac{V}{L}\right]=\left[\frac{V^3}{L}\right]$$

这样，ε 常用的一个模化式为

$$\varepsilon=C_D\frac{K^{3/2}}{L}\tag{3.14}$$

式中，C_D 是另一个经验系数。使用上述模化假定，湍动能 K 方程模式为

$$\frac{\partial K}{\partial t}+u_j\frac{\partial K}{\partial x_j}=\frac{\partial}{\partial x_j}\left[\left(\frac{\nu_t}{\sigma_K}+\nu\right)\frac{\partial K}{\partial x_j}\right]-\overline{u_i'u_j'}\frac{\partial u_i}{\partial x_j}-C_D\frac{K^{3/2}}{L} \tag{3.15}$$

一方程模式中的经验系数，有关文献的推荐值为 $C_\mu' C_D\approx 0.08$，$\sigma_K=1.0$。应指出的是，对湍流场起作用的是经验系数 C_μ' 和 C_D 的乘积，而不是它们独立的取值。

作为式 (3.15) 的特例，如果流动定常，且不计 K 方程中的对流输运和扩散输运项，也就是说湍动能的产生项等于耗散项，即湍流处于局部平衡状态。也就是

$$0=-\overline{u_i'u_j'}\frac{\partial u_i}{\partial x_j}-C_D\frac{K^{3/2}}{L}$$

对于薄剪切层流动，上式可进一步简化为

$$\nu_t\left(\frac{\partial u}{\partial y}\right)^2=C_D\frac{K^{3/2}}{L}$$

将利用上式解出的 K 代入式 (3.11) 中，经整理可得

$$\nu_t=\left(\frac{C_\mu'^3}{C_D}\right)^{1/2}\cdot L^2\left|\frac{\partial u}{\partial y}\right| \tag{3.16}$$

这个公式即为混合长模式。这个推导清楚地表明，混合长模式仅适用于湍流处于局部平衡状态的流动。

3.4.2 湍动剪切应力输运方程模式

除上述用湍动能 K 方程给出的一方程模式外，Bradshaw 针对剪切流动问题，放弃了涡黏性的概念，提出用湍动切应力取代湍动能 K，发展了一个用湍动切应力 $-\rho\overline{u'v'}$ 表征的一方程模式。则对于二

维薄剪切层流动，湍动能 K 的精确方程 (2.11) 可简化为

$$\frac{\partial K}{\partial t}+u\frac{\partial K}{\partial x}+v\frac{\partial K}{\partial y}=\frac{\partial}{\partial y}\left[-\overline{\frac{u_i'u_i'}{2}v'}-\overline{\frac{p'v'}{\rho}}\right]-\overline{u'v'}\frac{\partial u}{\partial y}-\varepsilon \tag{3.17}$$

为封闭这个方程，Bradshaw 定义了下列三个量，即

$$a_1=\frac{-\overline{u'v'}}{K}\quad (\text{无量纲数}) \tag{3.18}$$

$$L=\frac{\left(-\overline{u'v'}\right)^{3/2}}{\varepsilon}\quad (\text{长度尺度}) \tag{3.19}$$

$$G=\frac{\left(\overline{\frac{u_i'u_i'}{2}v'}+\overline{\frac{p'v'}{\rho}}\right)}{\left(-\overline{u'v'}\right)\left(-\overline{u'v'}\right)_{\max}^{1/2}}\quad (\text{无量纲量}) \tag{3.20}$$

将式 (3.18)~式 (3.20) 代入式 (3.17) 中，得剪切应力输运模式为

$$\frac{\mathrm{D}}{\mathrm{D}t}\left(\frac{-\overline{u'v'}}{a_1}\right)=\left(-\overline{u'v'}\right)\frac{\partial u}{\partial y}-\frac{\partial}{\partial y}\left[G\left(-\overline{u'v'}\right)\left(-\overline{u'v'}\right)_{\max}^{1/2}\right]-\frac{\left(-\overline{u'v'}\right)^{3/2}}{L} \tag{3.21}$$

对于这个模式中出现的三个量 a_1、G、L 在求解方程前必须事先给定。在壁面边界层流动问题中，Bradshaw 利用大量的实验数据给出了这些量的经验关系式，其中系数 a_1 近似等于 0.3，G 和 L 是离壁面无量纲距离 $\dfrac{y}{\delta}$ 的函数。

另外，由式 (3.21) 可见，如果不计这个方程中的对流输运和扩散输运项，同样可得到混合长模式，即

$$0=\left(-\overline{u'v'}\right)\frac{\partial u}{\partial y}-\frac{\left(-\overline{u'v'}\right)^{3/2}}{L}$$

Bradshaw 的剪应力模式，在许多壁面边界层流动问题中得到成功的应用，且精度相当高。目前，这一模式已被引申到有换热的不可压和可压缩三维流动的计算中。

3.5 二方程模式

3.5.1 *K*-ε 模式的建立

一方程模式虽然比零方程模式前进了一大步，引进了表征湍流脉动场的 K 方程，但这类模式仍含有需要通过实验确定的特征长度尺度 L，对问题的依赖性较强，因此未得到广泛应用。

为了避免由实验方法确定 L，受一方程模式的启发，人们期望用一个微分输运方程来确定 L，由此出现了二方程模式 (Two-Equation Models)。二方程模式的主要特点是表征大尺度涡运动的特征速度尺度 V 和特征长度尺度 L 均用微分输运方程来描述。一般，$V(=\sqrt{K})$ 仍用湍动能 K 方程，为推导方程方便，常常不直接取 L 作为未知量 (也有选 L 作为未知数的学者，如 Rotta 和 Spalding)，而是以 $Z = K^m L^n$ 作为未知量，来间接地确定 L。表 3.3 给出部分学者为确定 L 所选择的 Z，虽然不同的 Z 变量所表达的物理过程不同，但最终的模化结果是相似的，关于 Z 变量输运方程的一个通用模式是

$$\frac{\partial Z}{\partial t} + u_j \frac{\partial Z}{\partial x_j} = \frac{\partial}{\partial x_j}\left(\frac{\sqrt{K}L}{\sigma_Z}\right)\frac{\partial Z}{\partial x_j} + C_{Z1}\frac{Z}{K}P - C_{Z2}\frac{\sqrt{K}}{L}Z + S \tag{3.22}$$

式 (3.22) 左边代表对流输运项，右边第一项代表扩散输运项，第二项代表产生项，第三项代表破毁项，第四项代表源项。其中，$P = -\overline{u_i'u_j'}\dfrac{\partial u_i}{\partial x_j}$ 为湍动能产生项；σ_Z、C_{Z1} 和 C_{Z2} 为经验系数；S 是针对不同的 Z 所出现的二次源项 (主要是在近壁区起作用)，在湍动能耗散率 ε 方程不需要此项。由式 (3.22) 可见，在表征载能涡尺度的输运方程中，所包含的物理过程与湍动能 K 的输运方程类似，同样具有对流输运、扩散输运、湍动产生和耗散过程。

表 3.3　部分学者为确定 L 所选的 Z

学者 (年)	Z	代号	物理意义
Kolmogorov(1942 年)	$K^{1/2}/L$	f	大尺度涡频率
Chou(1945 年)，Davidov(1961 年) Harlow-Nakayama(1968 年) Jones-Launder(1972 年)	$K^{3/2}/L$	ε	湍动能耗散率 ε
Rotta(1951 年)，Spalding(1967 年)	L	L	载能涡特征尺度
Rotta(1968 年，1971 年) Rodi-Spalding(1970 年) Ng-Spalding(1972 年)	KL	KL	
Spalding(1969 年)	K/L^2	W	大尺度涡涡量

在诸多有关 L 的输运方程中，目前以 $\varepsilon = K^{3/2}/L$ 作为未知量应用最广。其主要原因是：ε 作为未知量具有明确的物理意义，表示湍动能耗散率 $\left(\varepsilon = \nu \overline{\dfrac{\partial u_i'}{\partial x_j}\dfrac{\partial u_i'}{\partial x_j}}\right)$，不仅容易推导精确输运方程，而且作为未知量的 ε 直接出现在 K 方程中，不需要在 K 方程中建立模式。这样对于二方程模式，涡黏性 ν_t 被看作 K、ε 的函数。由于 $L = \dfrac{K^{3/2}}{\varepsilon}$，由涡黏性系数的定义，有

$$\nu_t \propto \sqrt{K}L = \sqrt{K}\frac{K^{3/2}}{\varepsilon} = \frac{K^2}{\varepsilon}$$

写成等式关系为

$$\nu_t = C_\mu \frac{K^2}{\varepsilon} \tag{3.23}$$

式中，C_μ 为经验常数。为了封闭精确的 K 方程 (2.11) 和 ε 方程 (2.13)，现对这些方程中出现的未知量给出如下模化。

1. 湍动扩散输运项的梯度型假设

在 K 方程和 ε 方程中的湍动扩散输运项均采用梯度型假设，即

K 方程中的湍动能扩散项：

$$\mathrm{diff}(K)=-\frac{\overline{u_i'u_i'u_j'}}{2}-\frac{\overline{p'u_j'}}{\rho}=\frac{\nu_t}{\sigma_K}\frac{\partial K}{\partial x_j} \tag{3.24}$$

ε 方程中的湍动能扩散项：

$$\mathrm{diff}(\varepsilon)=-\overline{\varepsilon'u_k'}-\frac{2}{\rho}\nu\overline{\frac{\partial u_k'}{\partial x_j}\frac{\partial p'}{\partial x_j}}=\frac{\nu_t}{\sigma_\varepsilon}\frac{\partial \varepsilon}{\partial x_k} \tag{3.25}$$

对于非各向同性的扩散，可考虑采用下列模式

$$\mathrm{diff}(K)=C_K\frac{K}{\varepsilon}\overline{u_j'u_k'}\frac{\partial K}{\partial x_k}\quad 和\quad \mathrm{diff}(\varepsilon)=C_K\frac{K}{\varepsilon}\overline{u_j'u_k'}\frac{\partial \varepsilon}{\partial x_k} \tag{3.26}$$

2. 湍动耗散的各向同性假设

根据 Kolmogorov 局部各向同性假定，在高雷诺数情况下，湍流大尺度涡决定的性质不受黏性的影响，而小尺度涡结构在统计上则与时均运动和大尺度涡运动无关，是各向同性的。考虑到湍动耗散过程主要决定于各向同性的小尺度涡运动，因此可认为湍动耗散也是各向同性的。从各向同性湍流的统计理论出发，不难导出

$$\nu\overline{\frac{\partial u_i'}{\partial x_k}\frac{\partial u_j'}{\partial x_l}}=\frac{\varepsilon}{30}\left(4\delta_{ij}\delta_{kl}-\delta_{ik}\delta_{jl}-\delta_{il}\delta_{jk}\right) \tag{3.27}$$

当指标 $k=l$ 时，由上式可得

$$\nu\overline{\frac{\partial u_i'}{\partial x_k}\frac{\partial u_j'}{\partial x_k}}=\frac{1}{3}\delta_{ij}\varepsilon \tag{3.28}$$

式中，δ_{ij} 表示 Kronecker 记号。这样，在 ε 方程中产生项

$$-2\nu\frac{\partial u_i}{\partial x_j}\left(\overline{\frac{\partial u_k'}{\partial x_i}\frac{\partial u_k'}{\partial x_j}}+\overline{\frac{\partial u'_i}{\partial x_k}\frac{\partial u_j'}{\partial x_k}}\right)=-2\frac{\partial u_i}{\partial x_j}\left(\frac{2}{3}\delta_{ij}\right)\varepsilon=-\frac{4}{3}\varepsilon\frac{\partial u_j}{\partial x_j}=0 \tag{3.29}$$

可略去不计。

此外，通过量级比较表明，在 ε 方程中另一产生项

$$-2\nu\overline{u_k'\frac{\partial u_i'}{\partial x_j}}\frac{\partial^2 u_i}{\partial x_k\partial x_j}=o\left(\frac{1}{Re_t}\right)\to 0 \tag{3.30}$$

与湍动雷诺数的倒数同量级。因此，在高雷诺数下，这一项也是可略去的小量。

3. 小涡拉伸引起的产生项和黏性耗散项的模化

在 ε 方程中，这两项的表达式是

$$I=-2\nu\overline{\frac{\partial u_i'}{\partial x_j}\frac{\partial u_i'}{\partial x_k}\frac{\partial u_j'}{\partial x_k}}-2\overline{\left(\nu\frac{\partial^2 u_i'}{\partial x_j\partial x_k}\right)^2} \tag{3.31}$$

式中，第一项表示小涡拉伸引起的产生项，相当于湍动能耗散率 ε 的一个源项，从物理角度看应正比于湍动能产生项 P，这是因为 P 的增大会引起湍动能增加，从而导致 ε 也应增加；第二项是黏性耗散项，为 ε 方程中的一个汇项，应与湍动能耗散率 ε 成正比。由于这两项之差对 ε 的发展起主要作用，故通常这两项不分开模化。如 Lumley 根据湍流在局部平衡状态下 $P=\varepsilon$ 的条件，认为这两项之差应与 $\left(\dfrac{P}{\varepsilon}-1\right)$ 成正比，并通过量纲分析，可得

$$I\propto\frac{\varepsilon^2}{K}\left(\frac{P}{\varepsilon}-1\right) \tag{3.32}$$

写成等式关系式为

$$I=C_{\varepsilon1}\frac{\varepsilon}{K}P-C_{\varepsilon2}\frac{\varepsilon^2}{K}=\frac{\varepsilon}{K}\left(C_{\varepsilon1}P-C_{\varepsilon2}\varepsilon\right) \tag{3.33}$$

现将上述各模化式 (3.24)~式 (3.33)，代入 K 和 ε 的精确方程式 (2.11) 和式 (2.13) 中，得标准 K-ε 模式如下：

湍动能 K 方程

$$\frac{\partial K}{\partial t}+u_j\frac{\partial K}{\partial x_j}=\frac{\partial}{\partial x_j}\left[\left(\frac{\nu_t}{\sigma_K}+\nu\right)\frac{\partial K}{\partial x_j}\right]+P-\varepsilon \tag{3.34}$$

湍动能耗散率 ε 方程

$$\frac{\partial \varepsilon}{\partial t}+u_j\frac{\partial \varepsilon}{\partial x_j}=\frac{\partial}{\partial x_j}\left[\left(\frac{\nu_t}{\sigma_\varepsilon}+\nu\right)\frac{\partial \varepsilon}{\partial x_j}\right]+C_{\varepsilon 1}\frac{\varepsilon}{K}P-C_{\varepsilon 2}\frac{\varepsilon^2}{K} \tag{3.35}$$

式中，$P=-\overline{u_i'u_j'}\dfrac{\partial u_i}{\partial x_j}$ 为湍动能产生项。

3.5.2 K-ε 模式中系数的确定

针对简单流动的实验结果，近似确定模式中各系数的取值。

1. C_μ 的确定

在近壁剪切湍流中，湍流处于局部平衡区。由湍动能方程式 (3.34)，则有

$$P=\varepsilon,\quad -\overline{u'v'}\frac{\partial u}{\partial y}=\varepsilon$$

由涡黏性的概念，得到

$$-\overline{u'v'}=\nu_t\frac{\partial u}{\partial y}$$

由此可得到

$$C_\mu=\left(\frac{-\overline{u'v'}}{K}\right)^2$$

在湍流边界层的常应力区，实验结果表明 $-\overline{u'v'}/K=0.3$，得到 $C_\mu=0.09$。

2. $C_{\varepsilon 2}$ 的取值

利用网格湍流的衰变指数，确定 $C_{\varepsilon 2}$ 的值。对于网格后均匀衰变的湍流，由 K 和 ε 得到

$$\frac{\partial K}{\partial t}=-\varepsilon$$

$$\frac{\partial \varepsilon}{\partial t}=-C_{\varepsilon 2}\frac{\varepsilon^2}{K}$$

对于均匀衰变湍流，湍动能 $K \sim t^{-m}$, 代入 K 方程得到 $\varepsilon \sim t^{-(m+1)}$，从而得到

$$-(m+1)t^{-(m+2)} \sim C_{\varepsilon 2}\varepsilon\frac{\varepsilon}{K} \sim -C_{\varepsilon 2}t^{-(m+1)}\frac{mt^{-(m+1)}}{t^{-m}}$$

$$C_{\varepsilon 2} = \frac{m+1}{m}$$

对于网格后衰变的湍流，测得的衰变指数为 $m = 1.1 \sim 1.3$, 代入上式，得到 $C_{\varepsilon 2}$=1.92。

3. $C_{\varepsilon 1}$ 和 σ_ε 的取值

利用壁湍流和均匀剪切湍流的结果，可以近似确定 $C_{\varepsilon 1}$ 和 σ_ε 的值。在壁湍流等应力区，有

$$-\overline{u'v'} = \frac{\tau_0}{\rho} = u_\tau^2, \quad P = \varepsilon$$

湍动能耗散率 (在近壁区，长度尺度为 κy，κ 为卡门常数 $\kappa = 0.4$) 为

$$\varepsilon = \frac{u_\tau^3}{ky}, \quad \sqrt{C_\mu} = \frac{u_\tau^2}{K}$$

代入湍动能耗散率方程中 (定常流，忽略对流项)，得到

$$C_{\varepsilon 2} - C_{\varepsilon 1} = \frac{k^2}{\sigma_\varepsilon\sqrt{C_\mu}}$$

在均匀剪切湍流中，湍动能 K 和湍动能耗散率 ε 方程分别为

$$\frac{\mathrm{d}K}{\mathrm{d}t} = P - \varepsilon$$

$$\frac{\mathrm{d}\varepsilon}{\mathrm{d}t} = \frac{\varepsilon^2}{K}\left(C_{\varepsilon 1}\frac{P}{\varepsilon} - C_{\varepsilon 2}\right)$$

在均匀剪切湍流中，K/ε 值趋近于常数。

$$\frac{\mathrm{d}}{\mathrm{d}t}\left(\frac{K}{\varepsilon}\right)=0$$

$$\frac{\mathrm{d}K}{\mathrm{d}t}=P-\varepsilon$$

$$\frac{\mathrm{d}\varepsilon}{\mathrm{d}t}=\frac{\varepsilon^2}{K}\left(C_{\varepsilon1}\frac{P}{\varepsilon}-C_{\varepsilon2}\right)$$

得到

$$C_{\varepsilon1}=1+\frac{C_{\varepsilon2}-1}{P/\varepsilon}$$

在均匀剪切湍流中，P/ε=1.4，可以估算 σ_ε 和 $C_{\varepsilon1}$。经过大量计算和修正后，目前多数学者推荐的各常数取值为：C_μ=0.09，σ_K=1.0，σ_ε=1.3，$C_{\varepsilon1}$=1.44，$C_{\varepsilon2}$=1.92。

K-ε 模式被广泛用于湍流的工程计算中，现已得到许多成功的算例，如壁湍流、湍射流、突扩分离流和其他一些剪切流动问题。

3.6 湍动应力输运模式

因 K-ε 模式是建立在各向同性涡黏性假设基础上的，所以对那些各向异性较强或个别湍动正应力项起主要作用的复杂流动，这些湍流模式就无能为力了。为此，人们进一步提出以湍动应力 $-\overline{u_i'u_j'}$ 作为未知量的湍动应力输运模式，以及由此简化而来的代数应力模式等。下面分别给出湍动应力精确输运方程 (2.10) 中有关未知量的模化式。

1) 湍动能扩散项的梯度型假定

$$-\overline{u_i'u_j'u_k'}-\overline{\frac{p'}{\rho}\left(\delta_{jk}u_i'+\delta_{ik}u_j'\right)}=C_K\frac{K^2}{\varepsilon}\frac{\partial\overline{u_i'u_j'}}{\partial x_k}\tag{3.36}$$

2) 湍动能耗散项的各向同性假定

$$\varepsilon_{ij}=2\nu\overline{\frac{\partial u_i'}{\partial x_k}\frac{\partial u_j'}{\partial x_k}}=\frac{2}{3}\delta_{ij}\varepsilon\tag{3.37}$$

3) 压力应变率相关项的模化

在湍动应力方程中，如将压力应变率相关项 (Pressure-Strain Correlation)

$$\pi_{ij}=\overline{\frac{p'}{\rho}\left(\frac{\partial u_i'}{\partial x_j}+\frac{\partial u_j'}{\partial x_i}\right)} \tag{3.38}$$

中的脉动压力用 Poisson 方程

$$\nabla^2\frac{p'}{\rho}=-\left[\frac{\partial u_i}{\partial x_j}\frac{\partial u_j'}{\partial x_i}+\frac{\partial^2\left(u_i'u_j'-\overline{u_i'u_j'}\right)}{\partial x_i\partial x_j}\right] \tag{3.39}$$

的解取代，则 π_{ij} 可定性地分解成两项之和，其中一项是由脉动速度相互作用引起的 $\pi_{ij,1}$，另一项是由时均变形率和脉动速度相互作用引起的 $\pi_{ij,2}$，即

$$\pi_{ij}=\pi_{ij,1}+\pi_{ij,2} \tag{3.40}$$

Rotta 考虑到 $\pi_{ij,1}$ 是表征湍流各向异性程度的量，于 1950 年首次推荐了一个模化式，即

$$\pi_{ij,1}=-C_1\frac{\varepsilon}{K}\left(\overline{u_i'u_j'}-\frac{2}{3}\delta_{ij}K\right) \tag{3.41}$$

对于第二项，Naot 和雷诺提出的一个较简单的模化式为

$$\pi_{ij,2}=-C_2\left(P_{ij}-\frac{2}{3}\delta_{ij}P\right) \tag{3.42}$$

式中，$P_{ij}=-\overline{u_i'u_k'}\frac{\partial u_j}{\partial x_k}-\overline{u_j'u_k'}\frac{\partial u_i}{\partial x_k}$ 为湍动应力产生项；$P=-\overline{u_i'u_j'}\frac{\partial u_i}{\partial x_j}$。这个模化式与式 (3.41) 相类似，相当于假定 $\pi_{ij,2}$ 正比于湍动应力产生项的各向异性程度。

将式 (3.36)~式 (3.42) 代入湍动应力精确方程 (2.10) 中，最后可得目前常用的一种湍动应力输运模式是

$$\frac{\partial\overline{u_i'u_j'}}{\partial t}+u_k\frac{\partial\overline{u_i'u_j'}}{\partial x_k}=\frac{\partial}{\partial x_k}\left(C_k\frac{K^2}{\varepsilon}\frac{\partial\overline{u_i'u_j'}}{\partial x_k}+\nu\frac{\partial\overline{u_i'u_j'}}{\partial x_k}\right)+P_{ij}-\frac{2}{3}\varepsilon\delta_{ij}$$

$$-C_1\frac{\varepsilon}{K}\left(\overline{u_i'u_j'}-\frac{2}{3}K\delta_{ij}\right)-C_2\left(P_{ij}-\frac{2}{3}P\delta_{ij}\right) \tag{3.43}$$

模式中的通用常数为：$C_k=0.09\sim0.11$，$C_1=1.5\sim2.2$，$C_2=0.4\sim0.5$。

考虑到湍动应力输运模式计算工作量大，应用起来很不方便，故人们通过对湍动应力输运模式的简化，提出了代数应力模式 (Algebraic Stress Models)。最简单的代数应力模式是将湍动应力输运方程 (3.43) 中的对流输运和扩散输运项直接消去获得的，即

$$0=P_{ij}-\frac{2}{3}\varepsilon\delta_{ij}-C_1\frac{\varepsilon}{K}\left(\overline{u_i'u_j'}-\frac{2}{3}K\delta_{ij}\right)-C_2\left(P_{ij}-\frac{2}{3}P\delta_{ij}\right) \tag{3.44}$$

整理后，有

$$\overline{u_i'u_j'}=\frac{2}{3}K\delta_{ij}+K\left[\frac{1-C_2}{C_1}\frac{P_{ij}}{\varepsilon}+\frac{2}{3}\delta_{ij}\frac{1}{C_1}\left(C_2\frac{P}{\varepsilon}-1\right)\right] \tag{3.45}$$

考虑到上述代数应力模式所做的近似处理过于粗糙，Rodi 提出了一种更有效的近似处理方法。他假定湍动应力 $\overline{u_i'u_j'}$ 的输运正比于湍动能 K 的输运，且比例因子为 $\dfrac{\overline{u_i'u_j'}}{K}$，不是常数，即

$$\frac{\mathrm{D}\overline{u_i'u_j'}}{\mathrm{D}t}-\mathrm{diff}\left(\overline{u_i'u_j'}\right)=\frac{\overline{u_i'u_j'}}{K}\left(\frac{\mathrm{D}K}{\mathrm{D}t}-\mathrm{diff}(K)\right)=\frac{\overline{u_i'u_j'}}{K}(P-\varepsilon) \tag{3.46}$$

上式中的第二个等式是由 K 方程得到的。这样湍动应力输运方程 (3.43) 就简化为常用的另一个代数应力模式，即

$$\begin{aligned}&\frac{\overline{u_i'u_j'}}{K}(P-\varepsilon)\\&=P_{ij}-\frac{2}{3}\varepsilon\delta_{ij}-C_1\frac{\varepsilon}{K}\left(\overline{u_i'u_j'}-\frac{2}{3}K\delta_{ij}\right)-C_2\left(P_{ij}-\frac{2}{3}P\delta_{ij}\right)\end{aligned} \tag{3.47}$$

或者

$$\frac{\overline{u_i'u_j'}}{K} = \left[\frac{2}{3}\delta_{ij} + \frac{(1-C_2)\left(\dfrac{P_{ij}}{\varepsilon} - \dfrac{2}{3}\delta_{ij}\dfrac{P}{\varepsilon}\right)}{C_1 + \dfrac{P}{\varepsilon} - 1}\right] \tag{3.48}$$

湍动应力输运模式和代数应力模式，已成功地预报了不对称槽流、弯曲的混合层或壁射流、有环向流的射流以及在非圆形管流或渠道流横截面上由湍流应力场的强各向异性引起的二次流等。不过由于这类模式数值计算工作量大，因此尚未得到广泛的应用。

最后应指出的是，湍流模式理论是建立在时间分解意义上的，通过时均运算抹平了脉动场的全部细节，因此用它们只能预报工程上感兴趣的时均流动和一些脉动统计特征量的分布，而无法了解湍流场的任何细节信息。为此，近年来出现了湍流的直接数值模拟 (Direct Simulation) 技术，它是在不引入任何湍流模式的前提下，用计算机直接数值模拟三维非定常的 N-S 方程组。通过数值求解湍流瞬时运动，不仅可获得湍流时均运动和脉动运动统计特征量的全部信息，而且可为研究湍流中不同尺度涡的运动学、动力学行为和它们之间的相互作用机理提供充足的数值实验资料。

第4章 湍流的高级数值模拟

4.1 湍流直接数值模拟基本原理

湍流是一个极其复杂的多尺度、多层次结构的流动现象，对它的预测和控制与人们的认知程度和需要了解的细节密切相关。如果我们仅站在时均层次看待湍流，可用雷诺时均方程 (Reynolds Averaged Navie-Stokes，RANS) 求解；如果需要了解大尺度的湍流结构，则相继发展了大涡模拟 (Large Eddy Simulation，LES) 技术；如果需要了解湍流场的全部信息，必须从完全精确的控制方程入手，发展全尺度湍流运动的直接数值模拟 (Direct Numerical Simulation, DNS) 技术。以上三种模拟技术，对流场的分辨率不同，对模拟的湍流尺度也不同。一般而言，直接数值模拟要求模拟所有尺度的湍流分量，最小尺度到耗散尺度量级，相当于网格雷诺数接近 1.0；雷诺时均方法，湍流脉动分量用统计量表征的湍流模式进行了封闭，数值模拟的网格尺度可由时均流动的性质决定；大涡模拟技术，网格尺度在惯性子区以上，耗散尺度分量用模化方程取代，因此这种技术可模拟大尺度的湍流分量。直接数值模拟技术是 20 世纪 70 年代发展起来的，Orzag 和 Patterson 最早用直接数值模拟计算了各向同性湍流，受当时计算机所限，网格数只有 32^3，相应的雷诺数 $Re_\lambda = 35$。从现代直接数值模拟水平来看，这个算例的网格分辨率是远远不够的，但在当时却是很了不起的成就。随着计算机的不断发展，目前直接数值模拟各向同性湍流的最大网格数可达 4096^3，相应的雷诺数

$Re_\lambda \sim O(10^3)$，数值实验证实了 Kolmogorov 理论的部分假定。对于切变湍流，模拟的流动雷诺数还远低于工程实际中发生的湍流。以槽道湍流为例，目前能够实现直接数值模拟的流动雷诺数约 10^4。

直接数值模拟可以获得湍流场的全部信息，所付出的代价是需要巨大的计算内存和高的运算速度。与此相反，实验测量仅能获得有限的流场信息，包括有限尺度的湍流分量。例如，湍流流场中的涡量分布很难测量，因此至今湍涡结构的发展与演化只有通过流动显示定性观察或通过数值模拟给出定量结果。直接数值模拟能够实时获取流动演化过程，因此它是研究湍流机理和控制湍涡的有效工具。利用直接数值模拟的数据库还可以评价已有湍流模式，进而研究改进湍流模式的途径。

因湍涡尺度演变和湍涡的不规则性，与层流运动的数值模拟的主要差别是：首先，湍流脉动具有宽带的波数谱和频谱，因此湍流直接数值模拟要求有很高的时间和空间分辨率；其次，为了获得湍流的统计特征，要求模拟足够多的样本流场。如果湍流是平稳随机过程，需要足够长的时间序列，通常在充分发展的湍流中，需要 10^5 以上的时间积分步，这就需要内存大、速度快的计算机才能实现湍流的直接模拟。

4.1.1　湍流直接数值模拟的空间分辨率

为了说明湍流直接模拟的空间分辨率和流动雷诺数的关系，以均匀各向同性的湍流为例。假定各向同性湍流的含能尺度或积分尺度为 l，Kolmogorov 耗散尺度为 η (雷诺数接近 1.0)。要想在一个长度为 L 的正方形体中获取湍流分量的全部信息，一方面，立方体的长度 L 应大于含能尺度 l，以便准确地模拟湍流的大尺度涡运动；另一方面，为了保证模拟湍流小尺度涡的运动，网格计算尺度 Δ 应小于耗散涡尺度 η。由此可见，一维网格数至少应满足以下不等式：

$$N_x = L/\Delta > l/\eta$$

由于 Kolmogorov 耗散尺度 $\eta = (\nu^3/\varepsilon)^{1/4}$，而 $\varepsilon \sim u'^3/l$ (u' 是脉动速度均方根值)，将以上关系代入上式，可得

$$N_x > (Re_l)^{3/4}$$

式中，$Re_l = u'l/\nu$。三维总网格数 N 则应满足

$$N = N_x N_y N_z > (Re_l)^{9/4} \tag{4.1}$$

对于工程中常见的湍流而言，这是一个天文数字。例如，对于均匀各向同性湍流，如果 Re_l=10^3，则需要的网格数约为 10^7。对于切变湍流，所需要的网格数更多。例如，计算湍流边界层，如取横向计算域长度 $L_y \sim O(\delta)$，纵向计算域长度 $L_x \sim 10\delta$，它们都大于湍流脉动的积分尺度。因此，按照上式要求，直接数值模拟切变湍流所需要的网格数比各向同性湍流所需的网格数至少多一个量级。为了实现切变湍流的直接数值模拟，人们常放宽耗散尺度的限制条件。由于湍动能耗散的峰值尺度大于 Kolmogorov 耗散尺度，因此可取网格尺度 $\Delta \sim O(\eta)$，而不要求 $\Delta < \eta$。Moser 和 Moin 曾估计，在槽道湍流中，绝大部分的湍动能耗散发生在尺度大于 15η 的湍流脉动中。因此在大部分壁湍流的直接数值模拟算例中，除了垂直于壁面方向的近壁分辨率外，在流向和展向的分辨率均大于 η，如取 $\Delta x \sim \Delta z \sim (5 \sim 10)\,\eta$。结果表明，这样的处理对于研究壁湍流中湍流输运过程和雷诺应力的生成是足够准确的。

此外，最小网格的选取，除了与上述湍流最小尺度的大小有关外，还与计算格式和计算方法有关。谱方法的数值精度最高，差分法的精度和

差分格式有关。Moin 等指出，在同等计算精度下，如取谱方法的网格长度是 1.5η，则二阶中心差分格式的网格长度应是 0.26η，四阶中心差分格式的网格长度则为 0.55η。

有文献指出，均匀湍流直接数值模拟的计算域长度由湍流脉动的大尺度结构确定。根据经验，计算域的长度应是积分尺度的 8~10 倍，过小的积分域将丧失一部分大尺度湍动能。对于壁湍流，流向计算域长度应大于 $2000\nu/u_\tau$ (约为近壁条带平均长度的 2 倍)，展向计算域长度应大于 $400\nu/u_\tau$ (约为近壁条带平均间距的 4 倍)，过小的计算域将不能包含湍流大尺度拟序结构，不能够正确模拟壁湍流中动量和能量输运。

4.1.2　湍流直接数值模拟的时间分辨率

采用的数值离散格式不同，数值计算的稳定性条件则不同。如对于显格式，数值稳定性条件的计算时间步长必须满足 CFL (Courant, Friedrichs, Lewy) 条件，即

$$\Delta t < \frac{\varDelta}{u'} \tag{4.2}$$

由于时间推进的积分长度应当数倍于大涡的特征时间尺度 L/u'，因此可以推算总的计算步数 N_t 应大于 $L/\varDelta \sim Re_l^{3/4}$。

对于隐格式，可以增大时间推进步长。可考虑采用全隐格式，也可用部分隐格式，例如，黏性项采用隐式，而对流项仍采用显式。显然，式 (4.2) 是湍流模拟的基本要求。

4.1.3　初始条件和边界条件

在湍流直接数值模拟中，如何给出流动的初始条件和边界条件是相当困难的问题。由于湍流脉动的随机性，对于湍流直接数值模拟，其开边界上速度应当是一次流动实现的瞬时速度 (包括时均速度和脉动速度)，

如果时均值是定常的湍流场 (平稳随机过程)，可参照类似的流动近似给出开边界上的时均速度场。由于脉动速度随时间的变化是不规则和随机的，事先并不知道具体的随机样本过程。类似地，对于初始湍流场也无法预先确定空间随机分布。这样一来，随机样本流动的初始场和开边界上的脉动速度分布不可能在数值计算以前准确地给出。因此，在实施湍流直接数值模拟时，只能先近似地给出不违背流动控制方程和相关物理约束条件的恰当的初始条件和边界条件 (例如，不可压缩流动的初始速度场的散度必须等于零)。然后进行数值推进计算，对于时间平稳的湍流场，当推进上万步后，流动进入稳态过程，可认为再现了“真实的”湍流状态，然后继续推进足够的时间步长，以便完成长时间序列统计量的计算。上述处理过程，严格而言仅适用于平稳随机过程，对于非平稳随机过程不适用。也就是说，在非平稳的湍流场中，湍流场的时间序列与初始场有关。对于均匀各向同性的湍流，在处理边界条件时也有类似情况，脉动速度场的远距离相关总是等于零，因此可以将计算的边界向外扩展，从计算边界到实际边界间的湍流场不是“真实的”湍流，真实的湍流从计算域下游截面开始。至于判断流动是否进入“真实的”湍流状态，常用的方法是随时监视统计量。

具体而言，在初始条件构造中，对于均匀湍流的初始场也是统计均匀的，可以用计算机发送随机数的方法构造初始脉动场，同时要求它既满足连续方程，又具有给定的能谱。对于切变湍流，理想的初始条件是从层流状态开始，加上适当的扰动，让扰动自然发展到湍流。这种设想最为合理，但是直接数值模拟自然转捩过程十分困难，其原因是：① 流动转捩到湍流可能通过不同途径，什么样的扰动能够转捩到湍流还是需要研究的问题；② 即使给定的扰动能够转捩到湍流，往往需要很长时间；

③ 湍流转捩的最后阶段，流动十分复杂，要求数值耗散非常小，网格分辨率和计算精度甚至比直接数值模拟湍流还要高。以直槽流动为例，在低于线性不稳定的临界雷诺数的条件下 (如 $Re_c = 3000$)，给出抛物线速度分布加上某种三维线性扰动模态的组合，希望由于扰动非线性相互作用而导致湍流。实际计算进程可能是：扰动经初始的短时间衰减后，由于非线性相互作用而急剧增长，经过相当长的时间推进后，从速度分布和扰动强度分布来看，似乎快要到达湍流状态；突然，扰动又开始衰减，最后又回到层流状态。克服这种数值逆转捩的方法是在开始衰减后，叠加一个满足连续方程的随机扰动场，强迫脉动继续增长，这种计算相当于在转捩实验中施加绊线。

对于具有线性不稳定性的流动 (如混合层或其他自由切变流动)，因扰动始终增长，此时以层流状态加不稳定扰动模态作为初始场，可以较易模拟湍流发展的全过程。

在边界条件构造中，常遇到固壁无滑移条件、周期条件、渐近条件、进出口条件等。

如果湍流脉动在某一方向是平稳的，即统计均匀的，那么在这一方向上可以采用周期条件。由于湍流的空间平稳性，统计均匀方向上入口和出口的湍流脉动的随机性质是完全相同的。对于空间均匀湍流，在三个方向上都采用周期条件。周期条件在数值方法上是很容易计算的，所以对于缓变的非均匀湍流，也常常采用周期条件作为近似边界条件。

对于湍流边界层或其他薄湍流切变层，湍流脉动或涡量集中在薄层中。在一般三维物体绕流情况下，湍流脉动或涡量也集中在物面附近和尾迹中。在远离薄层和物面的渐近区域，速度场趋近于无旋的均匀场，因此对于不可压缩流体，可以采用

$$\lim_{y\to\infty} u = U_\infty, \quad v = w = 0 \tag{4.3}$$

在离开薄层或物体横向一定距离的平面上设置“虚拟边界”，在虚拟边界 $y = H$ 上给出以下条件：

$$u = U_\infty, \quad v = w = 0 \tag{4.4}$$

这种近似方法称“刚盖假定”，其计算精度依赖于虚拟边界与薄层或固壁的距离 H。另一种更好的方法是先做一个指数变换，将无限域变到有限域，令

$$\eta = 1 - \exp(-my), \quad m \text{ 是正数} \tag{4.5}$$

然后，在有限域里数值求解 N-S 方程。如果 $y = 0$ 是固壁，则在指数变换时，在 $y = 0$ 附近自动加密网格，而在 η 方向则是均匀网格。在 (x, η, z) 坐标系里，原渐近条件可写为

$$u = U_\infty, \quad v = w = 0, \quad \eta = 1 \tag{4.6}$$

因为指数变换式在 $y \to \infty$ 时，导数 $\mathrm{d}\eta/\mathrm{d}y = 0$，具有奇异性，收敛性较差，所以有人主张采用代数变换，如 $\eta = y/(1 + y)$。Spalart 等分析了指数变换收敛性问题，用附加基函数的方法改善指数变换的收敛性，在计算时间上优于代数变换。

对于单方向均匀湍流 (如直槽湍流)，可以在垂直于流动的进、出口面上采用周期条件。

对于空间发展的流动，如湍流边界层，必须给出进口的速度分布。较简单的空间发展湍流，如流向衰减的格栅湍流、准平行的平面混合层等，可以利用 Taylor 冻结假定将计算简化。在一个等速坐标系中将原来的空间发展问题变换成时间演化问题，在时间演化问题中，流向可以采用周期条件。

对于更为复杂的湍流，不能采用流向均匀性的近似，这时必须给定进口条件。现有的方法大体可以分为两种。第一种方法是前面介绍过的，将进口截面向上游移动，为了更好地近似“真实”湍流，进口截面给定时间上随机的速度分布。应用上述边界条件做时间推进时，进口随机脉动向下游传输，显然它们并非真实的湍流，但是在向下游传输相当长距离后 (约为进口平均位移厚度的 50 倍)，可认为发展到真实的湍流状态。另一种改进的方法是在进口以前用流向均匀条件 (即流向采用周期性条件) 计算一个湍流场，以该算例的出口速度场作为实际问题的进口条件，用这种方法，初始的发展阶段可以缩短到 20 倍进口位移厚度。

和进口条件类似，出口属于开边界，出口的脉动量是随机的。对于流向均匀的脉动场，采用进、出口周期条件。由于湍流速度场是随时间变化的，对于流向发展的湍流必须采用非定常的出口条件。在出口处，近似条件是

$$\frac{\partial Q}{\partial t}+u\frac{\partial Q}{\partial x}=0 \tag{4.7}$$

式中，Q 是任意流动变量。在出口附近的湍流场不是真实流动，类似进口条件，应当把数值出口边界移到真实出口下游一定距离处。

对于可压缩湍流，在进、出口和渐近边界上，都需要根据特征分析给出条件。如果忽视特征分析，在进、出口和渐近边界上会产生非物理反射波而沾污准确解。有关无反射条件已有很多研究，可参见 Lele 的综述文章。

初始湍流脉动场的特征量可以根据给定的能谱函数 $E(k)$ 近似确定 (k 为波数)，然后通过这些特征量确定计算网格数和推进时间步长。按照均匀各向同性湍流理论，湍流脉动强度 σ_u、湍动能耗散率 ε、Taylor 微

尺度 λ (表征耗散涡的尺度) 和湍动耗散尺度 η 的计算公式如下:

$$\sigma_u^2 = \overline{u'^2} = \frac{2}{3}\int_0^\infty E(k)\mathrm{d}k \tag{4.8}$$

$$\varepsilon = \nu\overline{\frac{\partial u_i'}{\partial x_j}\frac{\partial u_i'}{\partial x_j}} = \nu\int_0^\infty k^2 E(k)\mathrm{d}k \tag{4.9}$$

$$\lambda = \sqrt{\frac{15\nu\sigma_u^2}{\varepsilon}} \tag{4.10}$$

$$\eta = \left(\frac{\nu^3}{\varepsilon}\right)^{1/4} \tag{4.11}$$

湍流的积分尺度 l 和时间尺度 τ 常用的计算公式为

$$l = \frac{\sigma_u^3}{\varepsilon} \tag{4.12}$$

$$\tau = \frac{l}{\sigma_u} \tag{4.13}$$

4.2 湍流直接数值模拟方法

4.2.1 谱方法

由于均匀各向同性湍流场, 可以采用周期性边界条件进行数值计算, 因此利用傅里叶展开方法是最准确和有效的, 这就是数值计算的谱方法原理。谱方法是一种加权余量法的数值计算方法, 它利用傅里叶变换将微分方程离散化为代数方程组, 其基本原理如下。设有微分方程

$$L(u) = f(u)$$

其中, L 表示微分算子; $f(u)$ 是已知函数。将未知函数 u 用一组完备的

线性独立函数族 $\{\phi_k\}_{k=0,1,\cdots}$ 展开，即

$$u^N = \sum_{k=0}^{N} u_k \phi_k \tag{4.14}$$

在加权余量法中，函数族 ϕ_k 称作试探函数，u_k 为函数 u^N 的展开系数。当展开式只取有限项时，式 (4.14) 是原函数 u^N 的近似。把 u^N 代入原来的微分方程，将产生误差，并称之为残差或余量，用 R^N 表示

$$R^N = L\left(u^N\right) - f\left(u^N\right)$$

用另一组完备的线性独立函数族 ψ_k 作为权函数，要求余量的加权积分等于零，即

$$\int_{\Omega} \left[L\left(u^N\right) - f\left(u^N\right)\right] \psi_k \mathrm{d}\Omega = 0 \tag{4.15}$$

式中，Ω 是流动问题的求解域。因试探函数和权函数都是已知函数族，式 (4.15) 是展开系数 u_k 的代数方程组。如果微分算子 L 是线性的，则最后求解的是线性代数方程组；如果微分算子 L 是非线性的，则最后求解的是非线性代数方程组。求出代数方程的解，就得到原微分方程的近似解。根据权函数和试探函数的选择不同，加权余量法又可分为以下三种形式。

(1) 伽辽金法：权函数和试探函数相同，均为无限光滑的完备函数族，并满足求解问题的边界条件。

(2) Tau 方法：权函数和试探函数相同，均为无限光滑的完备函数族，但是不要求试探函数满足求解问题的边界条件，这时需要附加额外的关于边界条件的方程。

(3) 配置点法：权函数是离散点 (称为配置点) 上的 δ 函数，因此加权积分的结果是在配置点上数值解严格满足微分方程。

谱方法的优点是精度高，计算速度快。如果选用试探函数和权函数为三角函数，则可利用快速傅里叶变换求解。在简单几何边界的问题中，谱方法是非常好的方法。例如，周期边界条件的问题，可以用三角函数族作为试探函数；在平行平板间，可以用正交多项式作为试探函数。不过适用于复杂边界的试探函数十分难找，所以对于复杂边界的湍流问题，特别是对于流场中存在间断的情况，只能采用差分离散方法。

4.2.2 伪谱方法

对于线性微分方程，谱方法的精度取决于谱展开的精度，即谱截断误差。对于非线性方程，有限项谱展开的非线性项会产生附加误差，这种误差在谱方法中称作混淆误差。为了消除混淆误差，提出了伪谱方法。物理空间中非线性项 (如函数的二次乘积)，经过谱变换后，在谱空间中是卷积求和。具体而言，N-S 方程通过傅里叶变换为

$$\frac{\partial u_i\left(k,t\right)}{\partial t}+ik_j\sum_{m+n=k}u_j\left(m,t\right)u_i\left(n,t\right)=-ik_ip\left(k,t\right)-\nu k^2u_i\left(k,t\right) \quad (4.16)$$

其中，对流项是卷积求和。以一维计算为例，如果函数的傅里叶展开为 N 项，则对流项的运算次数是 N^2，对于分辨率很高的直接数值模拟，这是耗时很大的计算。而一次快速傅里叶变换的运算次数是 $N\ln N$，为了减小计算量，不采用完全的谱展开方式，而是在物理空间计算非线性项，把它作为一个原函数在谱空间中展开，这种做法称为伪谱方法。

4.2.3 差分方法

谱方法只能适用于简单的几何边界，对于空间发展的湍流和复杂几何边界的湍流需要采用有限差分或有限体积离散方法。湍流的直接数值模拟需要高分辨率和高精度格式，又需要很长的推进时间，选用差分格

式是很重要的。根据近十年来直接数值模拟的经验和流体力学计算方法的进展，湍流直接数值模拟应当采用高精度格式。这是因为高精度格式允许较大的空间步长，在同样的网格数条件下，可以模拟较高雷诺数的湍流；另外，如果采用隐式推进的高精度格式，还可以加大时间步长，减少计算时间。差分离散方法的基本思想是：通过选定结点 (离散点) 上函数值 (f_i) 的线性组合来逼近结点上的导数值。这种表达式称为导数的差分式。设 F_j 为函数 $(\partial f/\partial x)_j$ 的差分格式，则有

$$F_j = \sum a_i f_i \tag{4.17}$$

式中，系数 a_i 由差分格式的精度确定。也可以用结点上函数值的线性组合来逼近结点上导数值的线性组合，这种方法称为紧致格式

$$\sum b_j F_j = \sum a_i f_i \tag{4.18}$$

将导数的逼近式代入控制流动的微分方程，得到流动数值模拟的差分方程。差分方程的精度决定于差分格式的精度，而差分格式的精度又依赖于求解函数 Taylor 级数展开的近似程度。譬如，一阶精度格式为

$$\left(\frac{\partial f}{\partial x}\right)_i = \frac{f_{i+1} - f_i}{\Delta x} + E(\Delta x) \tag{4.19}$$

二阶精度格式为

$$\left(\frac{\partial f}{\partial x}\right)_i = \frac{-3f_{i-1} + 4f_i - f_{i+1}}{2\Delta x} + E(\Delta x^2) \tag{4.20}$$

显然，精度愈高，差分格式中所包含的离散点数愈多，这给计算边界附近点的导数带来困难，为此提出了紧致高精度格式。其出发点是利用较少的离散点计算导数的近似值，而又能获得较高的精度。

差分离散方程必须满足相容性条件和稳定性条件，就是说，当差分步长趋近于零时，差分方程趋向于原来的微分方程，这就是相容性；如

果在时间推进的过程中，初始误差的增长有界，则称差分格式是稳定的。对于线性微分方程，满足相容性和稳定性的差分方程的解必定收敛到原微分方程的解 (Lax 等价原理)。对于非线性方程还没有一般的收敛性证明，只能借用线性微分方程的 Lax 等价原理，作为近似判断差分格式收敛性的条件。

作为一个湍流直接数值模拟的典型例子，如图 4.1 所示为近壁区湍流的拟序结构。该图清楚表明，在近壁湍流中存在明显的发卡涡结构。

图 4.1 近壁区湍流的拟序结构 (直接数值模拟)

4.3 湍涡的多尺度结构

4.3.1 湍涡的多尺度性

湍流是自然界中普遍存在的一类复杂流动现象，从 1880 年英国科学家雷诺完成圆管层流转捩实验以来，湍流的许多基本问题未得到解决。但经过 140 多年的探索，人们对湍流的研究已取得相当大的成就。特别是随着计算机和现代测量技术的迅速发展，对湍流的认知早已从简单的时均流层次深入到不同尺度的湍涡结构层次。自从 20 世纪 50 年代以来，随着湍流拟序结构的发现，普遍认为：湍流并不是完全由小尺度涡的随机性决定的，而是存在大尺度涡的拟序结构。湍流实际上是一个由不同尺度、不同频率涡体构成的复杂流动现象，其最大涡的尺度与流动区域特征尺寸同量级，最小涡的尺度与流体的黏性尺度相当，这就使湍流成为多尺度的复杂流动现象。在流体的运动过程中，不同尺度的湍涡相互作用，既存在随机的小尺度涡也存在大尺度涡结构，如图 4.2～图 4.4 所示。

图 4.2　梵高于 1889 年创作的传世名作《星空》(类似大尺度涡)

图 4.3　大气湍流中的大涡结构

图 4.4 湍急水流中的大涡结构

4.3.2 湍涡尺度的演变特征

在湍流的发展过程中，湍涡尺度不仅范围宽，而且是随时间从大尺度涡到小尺度涡不断演变的，这种尺度演变有可能是渐变的，也有可能是突变的。譬如，1922 年英国气象学家理查森就提出了一种湍涡尺度演变的渐变理论，即湍流的能量串级理论，如图 1.25 所示。该理论表明：大尺度涡通过湍动剪切从时均流动中获取能量，然后再通过黏性耗散和色散过程串级分裂成不同尺度的小涡，并在涡体的分裂破碎过程中将能量逐级传给更小尺度涡，直至达到黏性耗散为止。

但湍涡尺度的演变有无突变？这个问题似乎一直未报道过。最近作者在北京航空航天大学陆士嘉实验室的拖曳水槽中，通过反复对机翼尾涡衰变过程的观察发现：在机翼尾涡的衰变过程中，相对稳定、衰变比较缓慢的是大尺度涡和小尺度涡，而中等尺度涡演变较快，几乎看不到一个尺度演变的渐变过程。具体分为三个阶段：① 大尺度涡缓慢衰变期，在这个时期大尺度涡主要受到对流和扩散的作用，耗散作用较弱，处于大尺度涡相互诱导和卷绕的过程，衰变比较缓慢，如图 4.5 所示；② 中等尺度涡的快速演变期，实验中可看到只有在大尺度涡无法维持以致快速破碎时，才会出现中等尺度涡的演变过程，在整个过程中所占时段最短，属于快速衰变期，如图 4.6 所示；③ 小尺度涡耗散期，属于湍流衰变后期，如图 4.7 所示，在这个时期，小尺度涡主要受到黏性扩散和耗散作用，对流作用很弱，属于小尺度涡缓慢耗散期，在整个过程中所占时段较长，湍涡的能量主要在这一级尺度涡中被黏性耗散掉。这些还需要进一步的实验验证。

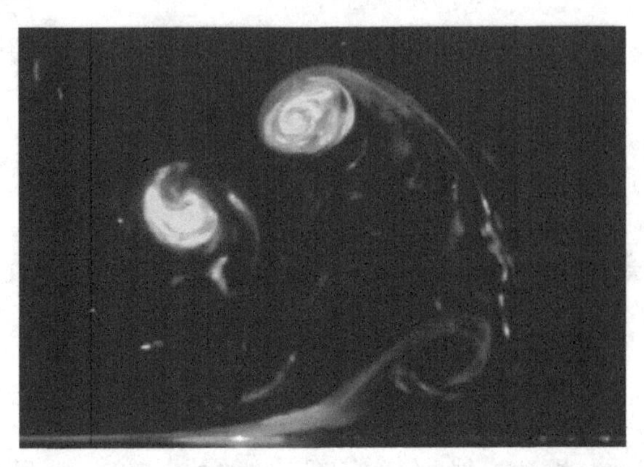

图 4.5　大尺度涡 (两个同向涡与一个近壁涡的卷绕，对流和扩散的行为为主)

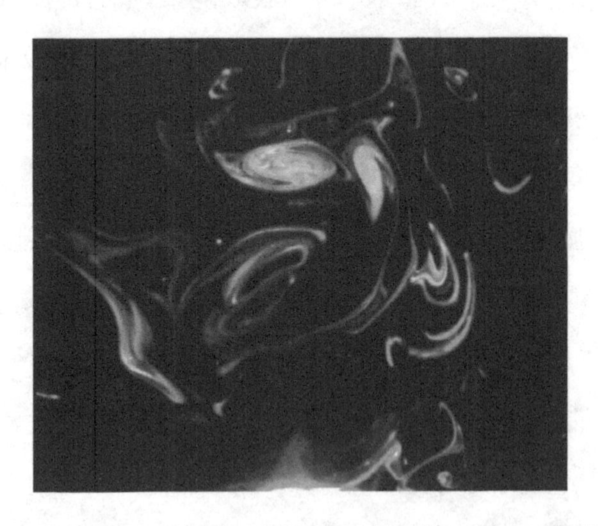

图 4.6　中等尺度涡 (大涡快速破碎，出现中等尺度涡的过渡情况)

图 4.7 小尺度涡 (湍流衰变期，黏性扩散和耗散的作用为主)

4.3.3 湍涡的大尺度和小尺度量级

湍涡尺度的变幅虽然很宽，但对于稳态的湍流结构，常常是大尺度涡和小尺度涡起控制作用，前者对湍涡起产生作用，后者对湍涡起耗散作用。因此在湍流模式建立中，并不是所有尺度的湍涡都需要模化，而是只模化对动力学方程起控制作用的那些尺度的湍涡结构。为此，人们特别关注两种尺度的涡结构，其一是与时均流动发生相互作用的大尺度涡结构 (Large Eddy)，这类涡通过时均剪切运动的作用，从时均流动能中源源不断地提取能量以维持湍流的脉动运动；另一种尺度的涡是耗散涡结构 (Dissipative Eddy)，这类涡尺度很小，它们通过黏性起耗散湍流脉动动能的作用。这些耗散涡也被认为是维持湍流宏观运动的最小尺度的涡，因为更小尺度的湍涡在强黏性耗散的作用下不可能持续维持。

对于大尺度湍涡，长度尺度可用积分尺度表征，因为积分尺度表征了一个脉动速度强相关性的区域。用 l_t 表征这个积分尺度，用单位质量流体微团的湍动能 K 的平方根表征速度尺度，即 $V_t=\sqrt{K}$，这类尺度的大涡也被称为载能涡 (Energy Containing Eddy)。对于耗散尺度的涡，Kolmogorov 认为它们的长度尺度和速度尺度由流体运动黏性系数 ν 和湍动能耗散率 ε 决定。在耗散涡尺度下，假设长度尺度为 η，速度尺度为 v，因受黏性限制，认为质点脉动的惯性力与黏性力同量级，即

$$Re\eta = \frac{v\eta}{\nu} \approx 1.0 \tag{4.21}$$

通过量纲分析，得到

$$\eta = \left(\frac{\nu^3}{\varepsilon}\right)^{1/4}, \quad v = (\nu\varepsilon)^{1/4}, \quad \tau = \left(\frac{\nu}{\varepsilon}\right)^{1/2} \tag{4.22}$$

其中，τ 为耗散涡的时间尺度，这些尺度也被称为 Kolmogorov 微尺度。湍动能耗散率 ε 用微尺度表达为

$$\varepsilon \approx \frac{v^3}{\eta} \tag{4.23}$$

现在考察大尺度与微尺度之间的关系。根据湍动能输运方程

$$\frac{\partial K}{\partial t} + u_j\frac{\partial K}{\partial x_j} = \frac{\partial}{\partial x_j}\left[-\frac{\overline{u_i'u_i'}}{2}u_j' - \frac{\overline{p'u_j'}}{\rho} + \nu\frac{\partial K}{\partial x_j}\right] - \overline{u_i'u_j'}\frac{\partial u_i}{\partial x_j} - \varepsilon$$

在剪切湍流中，处于局部平衡状态的湍流，要维持湍动能不衰减，在量级上应有

$$-\overline{u_i'u_j'}\frac{\partial u_i}{\partial x_j} = \varepsilon \tag{4.24}$$

估计，雷诺应力 $-\overline{u_i'u_j'}$ 主要由大尺度涡决定，则 $\overline{u_i'u_j'} \approx V_t^2$。时均速度梯度与大尺度涡相互作用得到湍动能产生项，因此时均速度梯度可用大涡尺度来表征，即

$$\frac{\partial u_i}{\partial x_j} \approx \frac{V_t}{l_t} \tag{4.25}$$

这样，在此情况下湍动能的耗散率 ε 用大涡尺度可表达为

$$\varepsilon \approx \frac{V_t^3}{l_t} \tag{4.26}$$

现将 ε 的大涡尺度表达式代入 Kolmogorov 微尺度中，可以获得大涡长度尺度与小涡长度尺度之间的关系为

$$\frac{l_t}{\eta} \approx \left(\frac{V_t l_t}{\nu}\right)^{3/4} = Re_t^{3/4} \tag{4.27}$$

式中，Re_t 为由载能涡尺度表征的湍流雷诺数。同样，大涡速度尺度与小涡速度尺度的关系为

$$\frac{V_t}{v} \approx \left(\frac{V_t l_t}{\nu}\right)^{1/4} = Re_t^{1/4} \tag{4.28}$$

由此表明，大涡和小涡尺度之比是 Re_t 函数，随着 Re_t 的增大，它们之间的尺度宽度更大。

例如，对 V_t=1.46m/s，l_t=10mm，由此得到 Re_t=1000，则

$$\frac{l_t}{\eta} \approx Re_t^{3/4} = 178, \quad \frac{V_t}{\nu} \approx Re_t^{1/4} = 5.6$$

此时，耗散涡长度尺度为 η=0.056mm=56μm，这个尺度是保持空气连续流的最小宏观尺度 1μm 的 56 倍，这说明湍流满足质点宏观连续流的条件。耗散涡速度尺度为 v=0.26m/s，耗散率 ε=311m^2/s^3。如果取 V_t=1.46m/s，l_t=1mm，则 Re_t=100，耗散涡长度尺度为 η=0.0316mm=31.6μm，耗散涡速度尺度为 0.46m/s, 耗散率 ε=3112m^2/s^3；如果取 V_t=1.46m/s，l_t=0.1mm，则 Re_t=10，耗散涡长度尺度为 η=0.0178mm=17.8μm，耗散涡速度尺度为 0.82m/s, 耗散率 ε=31121m^2/s^3；如果取 V_t=1.46m/s，l_t=0.01mm，则 Re_t=1，耗散涡长度尺度为 η=0.01mm=10μm，耗散涡速度尺度为 1.46m/s, 耗散率 ε=311214m^2/s^3。由此可见，最小涡的尺度大于保持空气连续流的最小宏观尺度 1μm 的 10 倍，说明湍流满足连续性条件，湍流是质点宏观运动的结果。

如果取耗散涡最小的长度尺度 (保持连续性要求) η=1μm，由 $\eta v/\nu=1$，得到耗散涡最大速度尺度 v=14.6m/s，耗散涡最小的时间尺度 $\tau=6.8\times10^{-8}$s，耗散涡最大的耗散率 $\varepsilon=3.1\times10^9\text{m}^2/\text{s}^3$。为了便于比较，由图 4.8 给出载能涡尺度与耗散涡尺度的比值与湍动雷诺数关系，图 4.9 给出载能涡尺度与耗散涡尺度关系，图 4.10 给出载能涡尺度与耗散率 ε 关系。

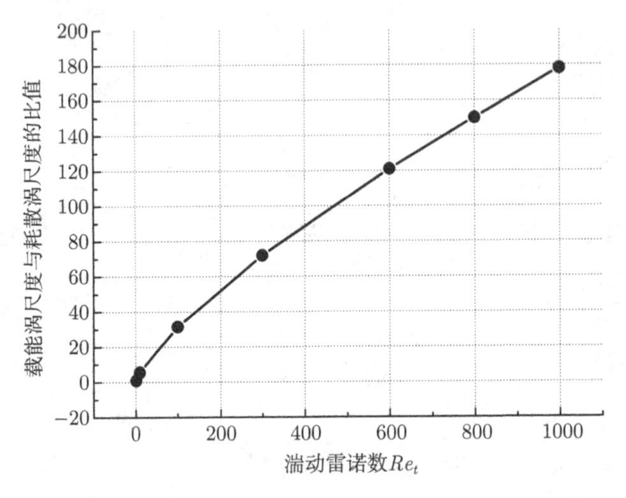

图 4.8　载能涡尺度与耗散涡尺度的比值与湍动雷诺数关系

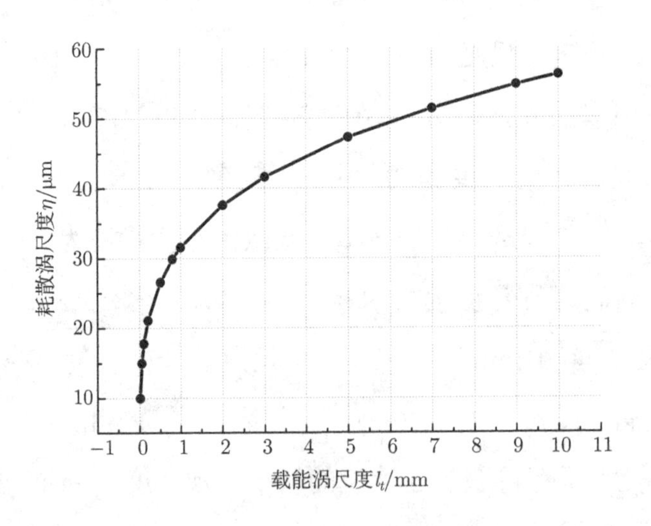

图 4.9　载能涡尺度与耗散涡尺度关系 (V_t=1.46m/s)

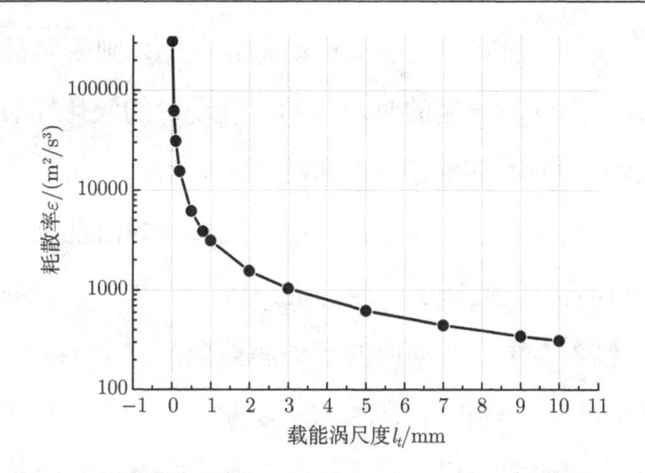

图 4.10 载能涡尺度与耗散率 ε 关系 (V_t=1.46m/s)

根据湍动能耗散率的定义

$$\varepsilon = \nu\overline{\frac{\partial u_i'}{\partial x_j}\frac{\partial u_i'}{\partial x_j}} \approx \frac{V_t^3}{l_t} \tag{4.29}$$

脉动速度梯度的尺度可表示为

$$\left[\frac{\partial u_i'}{\partial x_j}\right] \approx \frac{V_t}{l_t}Re_t^{1/2} = \frac{v}{\eta} \tag{4.30}$$

由此表明，脉动速度梯度可以由 Kolmogorov 微尺度表征，这与湍动能由小尺度涡耗散的概念是一致，说明在耗散率中出现的脉动速度梯度是由小尺度涡决定的。根据上面分析，可得到脉动速度梯度与时均速度梯度量级表达式为

$$\left[\frac{\partial u_i'}{\partial x_j}\right] \approx \frac{V_t}{l_t}Re_t^{1/2}, \quad \left[\frac{\partial u_i}{\partial x_j}\right] \approx \frac{V_t}{l_t}, \quad \left[\frac{\partial u_i'}{\partial x_j}\right] \approx \left[\frac{\partial u_i}{\partial x_j}\right]Re_t^{1/2} \tag{4.31}$$

4.4 大涡模拟技术

4.4.1 大涡结构

在雷诺时均值概念的指导下，人们把瞬时湍流分解为时均运动与脉

动运动两部分之和，而其中的脉动运动是完全不规则的随机运动。从工程角度出发，如果仅对湍流的时均运动和湍动量的统计性质感兴趣，而不关心脉动运动的时空演变细节，则对湍流运动进行理论分析或计算的主要方法是雷诺时均方法，这就是实用湍流理论的出发点。时均值的运算是一种积分运算，因此数学上时均的结果均将抹平脉动运动时空演变细节，失去了包含在脉动运动内的湍动涡体全部信息。并且由于脉动运动的随机性和 N-S 方程的非线性，时均的结果必然导致方程的不封闭性，形成了湍流理论的方程不封闭问题。为了求得一组有限的封闭方程组，人们不得不借助经验数据，通过简化假定、物理类比，甚至直觉想象等手段构造出不同的湍流模式，形成了实用湍流理论的基础，并在工程实际问题中发挥了很大的作用。但深究起来，这样处理湍流的方法存在以下两个重大缺陷。

(1) 它通过时均运算抹平脉动运动分量的行为细节，使得求解结果丢失了饱含在脉动运动中的大量关于湍动涡的信息。现已发现，在湍流运动中除了存在许多随机性很强的小尺度涡体外，还存在着一些组织性相当好的大尺度涡结构，它们有比较规则的旋涡运动图画，它们的形态和尺度对于同一类型的湍流运动具有普遍意义，它们对湍流中的雷诺应力和各种物理量的湍流输运过程起重要作用。然而湍流模式理论，不管大尺度的拟序涡还是小尺度的随机涡，通过时均积分运算一概抹平，对大涡结构无法分辨。

(2) 任何湍流模式都有一定的局限性和对经验数据的依赖性。一方面是因为在构造模式时，人们对许多未知项缺乏了解，也无直接测量数据参考，所做的假设主观臆测程度大，从而限制了模式的通用性。譬如，在湍动能耗散率 ε 的模拟方程中，模式的可靠性很差。另一方面在构造湍流模式时，将所有不同尺度的湍动涡均等对待，不区分大小，认为都是各向同性的。但实际情况并非如此，从湍动涡体的演变细节看，湍流中所含的大小尺度涡体，除尺度的差别外，对时均运动的作用是不同的。如大尺度涡与时均流动之间存在强烈的相互作用，它直接从时均运动中吸取能量，对于流动的初始条件和边界形状与性质有强烈的依赖性，其形态与强度因流动的不同而改变，因而是高度各向异性的，且是有组织的 (拟序涡结构)。反过来它又对时均运动有强烈的影响，大部分质量、动量、能量的输运是由大尺度涡引起的。而小涡主要是通过大涡之间的非线性相互作用间接产生，其与时均运动或流动边界形状关系不大，近似表现为各向同性和随机性，它对时均运动只产生间接的影响，主要起黏性耗散作用。如将大小涡混在一起，不可能找到一种湍流模式能把不同的流动结构大尺度涡统一考虑进去，因此找一个普适的湍流模式是相当困难的。然而，小涡运动的普适性模式是可实现的。基于这样的认识，似乎有可能实现将湍流大尺度涡和小尺度涡分开模化，这就是大涡模拟的基本思想。

湍流的直接数值模拟虽然可以获取湍流场所有尺度涡的全部细节，但长期受到计算机速度与容量的限制。主要困难在于湍流脉动运动中包含着大大小小不同尺度的涡运动，其最大尺度 L 与时均运动的特征长度同量级，最小尺度则取决于黏性耗散涡尺度，即为 Kolmogorov 涡尺度 $\eta=(\nu^3/\varepsilon)^{1/4}$。这样在湍流中，大小尺度涡体的跨度很大，它们的尺度比值随着雷诺数的增高而迅速增大。在湍流统计理论中已经证明了

$$\frac{L}{\eta}\sim R_L^{3/4},\quad R_L=\frac{u'L}{\nu}$$

为了模拟湍流流动，一方面计算区域的尺寸应大到足以包含最大尺度的

涡；另一方面计算网格的尺度应小到足以分辨最小涡的运动。于是在一个空间方向上的网格数目应至少不小于这一量阶，因此整个计算区域上的网点总数应至少为

$$N \sim R_L^{9/4}$$

计算要模拟的时间长度应大于大涡的时间尺度 $\dfrac{L}{u'}$，而计算的时间步长又应小于小涡的时间尺度 $\dfrac{\eta}{u'}$。因此，需要计算的时间步长应不小于 $\dfrac{L}{\eta} \sim R_L^{3/4}$，故总的计算量正比于 R_L^3。如此巨大的计算量，使湍流的直接数值模拟受到限制。为此大涡模拟的主要思想是：放弃全尺度范围湍动涡的数值模拟，改为只将比网格尺度大的大涡运动用 N-S 方程进行直接数值模拟，而对于比网格尺度小的小涡运动对大尺度涡运动的影响则通过建立通用模式来模拟。可见，一定意义上大涡模拟是介于直接数值模拟与一般模式理论之间的折中技术。用于模拟小涡运动对大尺度运动影响的模式称为亚格子模式。大涡模拟方法最早由气象学家 Smagorinsky 在研究全球气象预报时提出，后来 1970 年由气象学家 Deardoff 首次将该方法用于槽道中的湍流模拟。

在大涡模拟技术中，引入具有一定普适意义的小尺度涡模式，其重要的作用是引进一种耗能机制，它能从计算网格尺度上恰当地吸取能量，以便尽可能真实地模拟实际的能量级串输运过程。

如前所述，由于小尺度涡运动受流动边界条件和大涡运动的影响甚少，且近似认为是各向同性的，所以有可能找到一种较为普适的模式；同时因为流动中的大部分质量、动量或能量的输运主要来自大涡运动，这部分贡献现在可以直接计算出来，需要通过模式提供的部分只占很小的份额，因而总体的结果对模式的不可靠性不甚敏感。

4.4.2 滤波与尺度分解原理

把包括脉动运动在内的湍流瞬时运动通过某种滤波方法分解成大尺度运动和小尺度运动两部分。大尺度量要通过数值求解运动微分方程直接模拟。小尺度运动对大尺度运动的影响将在运动方程中表现为类似于雷诺应力的应力项，称之为亚格子雷诺应力，它们将通过建立模式来模拟。因此，大涡模拟的首要任务是要将一切流动变量分解为大尺度量与小尺度量，这一过程称为滤波。如 $f(x,t)$ 是瞬时流动的任意物理变量，则其大尺度量可通过以下在物理空间区域上的加权积分来获得

$$\overline{f}(x,t)=\int G\left|x-x'\right|f(x',t)\,\mathrm{d}\sigma \tag{4.32}$$

其中，权函数 $G(|x-x'|)$ 亦称为滤波函数。

与式 (4.32) 相对应，在谱空间中的关系式为

$$\overline{f}(k,t)=G(k)f(k,t) \tag{4.33}$$

其中，k 为波数；$f(k,t)$ 为谱空间中的谱函数。谱空间中的滤波函数 G 只是 $k=|k|$ 的函数。瞬时量与大尺度量之差

$$f'=f-\overline{f} \tag{4.34}$$

其反映了小尺度运动对 f 的贡献，称为 f 的亚格子分量，或小尺度分量。不同的学者喜欢采用不同的滤波函数，常用的有以下几种，如图 4.11 所示，具体如下所述。

1. Deardorff 的盒式方法

取滤波函数为

$$G\left(|x-x'|\right)=\begin{cases}\dfrac{1}{\Delta x_1\Delta x_2\Delta x_3}, & |x_i'-x_i|\leqslant\dfrac{\Delta x_i}{2}\\ 0, & |x_i'-x_i|>\dfrac{\Delta x_i}{2}\end{cases},\quad i=1,2,3 \tag{4.35}$$

式中，x_i 为任一网格节点的坐标；Δx_i 为第 i 方向的网格尺度。大尺度量 $\overline{f}$ 实际上是在以 x_i 为中心的长方体单元 (Box) 上的体积平均值，故这种滤波方法也称为 Box 方法。这种方法很简单，缺点是它的傅里叶变换在某些区间里有负值，并且由于滤波函数在单元边界上的间断性，难以进行微分运算。

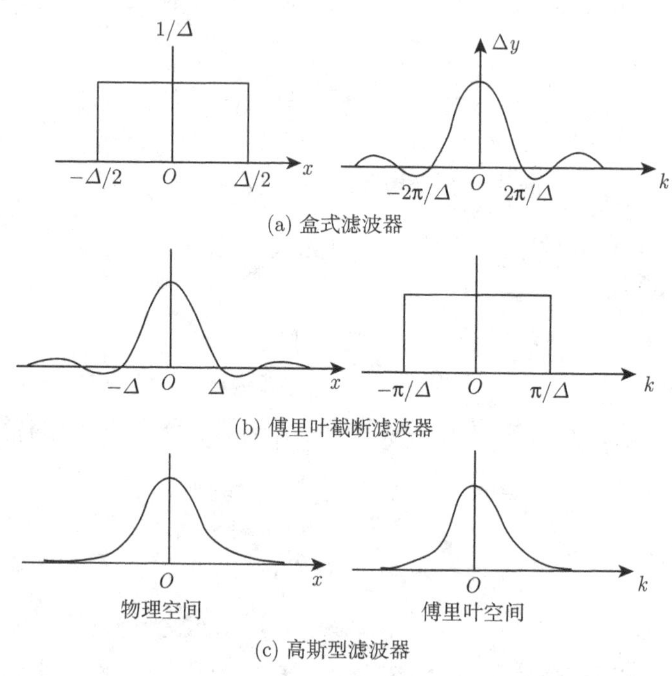

图 4.11　常用的几种滤波函数

2. 傅里叶截断滤波器

它实际上是 Box 滤波器在谱空间的翻版，即在傅里叶展开式中简单地截去所有波数绝对值高于 K_0 的分量：

$$G(k)=\begin{cases}1, & |k|\leqslant K_0\\0, & |k|>K_0\end{cases}\tag{4.36}$$

而它在物理空间对应的滤波函数

$$G(x)=\frac{1}{\sqrt{2\pi}}\int_{-\infty}^{+\infty}G(k)\,\mathrm{e}^{-\mathrm{i}kx}\mathrm{d}k\tag{4.37}$$

同样有在某些区间内有负值和难于求微分的缺陷。

3. 高斯型滤波器

该滤波器的滤波函数取

$$G(|x-x'|)=\prod_{i=1}^{3}\left(\frac{6}{\pi\varDelta^3}\right)\exp\left[-\frac{6(x_i-x_i')}{\varDelta^2}\right]\tag{4.38}$$

或

$$G(k)=\mathrm{e}^{-k^2\varDelta^2/24}\tag{4.39}$$

它的傅里叶变换也是高斯型函数。在物理空间与谱空间都有很好的性能，可以微分任意次。滤波器宽度 $\varDelta$ 并不必须与数值计算所用的网格间距相联系。原则上计算网格的尺寸应小于滤波器宽度。虽然高斯滤波函数性能很好，但计算很麻烦，目前用得最多的还是前两种滤波器。

4.4.3　大涡模拟方程与亚格子雷诺应力

将上述滤波运算用于瞬时运动的 N-S 方程 (将瞬时量分解)，得

$$\frac{\partial\overline{u_i}}{\partial t}+\frac{\partial}{\partial x_j}\left(\overline{u_iu_j}\right)=-\frac{1}{\rho}\frac{\partial\overline{p}}{\partial x_i}+\nu\nabla^2\overline{u_i}\tag{4.40}$$

式中

$$\overline{u_iu_j}=\overline{\left(\overline{u_i}+u_i'\right)\left(\overline{u_j}+u_j'\right)}=\overline{\overline{u_i}\,\overline{u_j}}+\overline{\overline{u_i}u_j'}+\overline{u_i'\overline{u_j}}+\overline{u_i'u_j'}$$

其中，第一项代表流场的大尺度分量 (与滤波方法有关)，因而可在求解方程中计算出来；而后面三项包含小尺度量，必须建立模式，把这三项之和称为亚格子雷诺应力：

$$R_{ij} \equiv \overline{\overline{u}_i u'_j} + \overline{u'_i \overline{u}_j} + \overline{u'_i u'_j} \tag{4.41}$$

通常把亚格子雷诺应力张量分解成一个对角线张量与一个迹为零的张量之和

$$R_{ij} = \left(R_{ij} - \frac{1}{3}\delta_{ij}R_{kk}\right) + \frac{1}{3}\delta_{ij}R_{kk} = -\tau_{ij} + \frac{1}{3}\delta_{ij}R_{kk}$$

其中

$$\tau_{ij} \equiv -R_{ij} + \frac{1}{3}\delta_{ij}R_{kk} \tag{4.42}$$

将对角线张量部分与压力项合并，可定义一个修正的压力

$$P = \frac{\overline{p}}{\rho} + \frac{1}{3}R_{kk} \tag{4.43}$$

于是滤波后的 N-S 方程可写成

$$\frac{\partial \overline{u}_i}{\partial t} + \frac{\partial}{\partial x_j}\overline{\overline{u}_i \overline{u}_j} = -\frac{\partial P}{\partial x_i} + \nu \frac{\partial^2 \overline{u}_i}{\partial x_j \partial x_j} + \frac{\partial \tau_{ij}}{\partial x_j} \tag{4.44}$$

在引入 τ_{ij} 的模式以后，方程 (4.44) 要与连续方程 $\dfrac{\partial \overline{u}_i}{\partial x_i} = 0$ 联立求解。

1. Deardorff 与 Schumann 用 Box 方法的处理技术

他们采用 Box 方法进行滤波，所有的大尺度量都只在网格节点上才有定义，可以认为在一个以网格节点为中心的长方体体积单元上大尺度分量是常数，而在单元的边缘上则是间断的。因而若在单元体积上再作一次滤波运算，必有

$$\overline{\overline{u}}_i = \overline{u}_i \quad 和 \quad \overline{u'} = 0$$

于是

$$\overline{\overline{u}_i\overline{u}_j} = \overline{u}_i\overline{u}_j \tag{4.45}$$

$$\overline{\overline{u}_i u_j'} = \overline{u_i'\overline{u}_j} = 0$$

$$R_{ij} = \overline{u_i' u_j'} \tag{4.46}$$

这样，得到亚格子雷诺应力张量的简化形式。所形成的大涡模拟方程在形式上与普通的雷诺时均运动方程一样。

2. Leonard 应力项模式

式 (4.45) 只在 Box 滤波情况下成立。如用一般的滤波函数，这样的等式是不成立的，把二者之差定义为 Leonard 应力

$$\lambda_{ij} \equiv \overline{\overline{u}_i\overline{u}_j} - \overline{u}_i\overline{u}_j$$

Leonard 建议在体积 $\Delta\sigma$ 上函数 $\overline{u}_i(x')$ 用 x 点展开的 Taylor 级数表示为

$$\begin{aligned}\overline{u}_i(x') = {} & \overline{u}_i(x) + (x' - x) \cdot \nabla\overline{u}_i(x) + \frac{1}{2}(x' - x)(x' - x) \\ & \cdot \nabla\nabla\overline{u}_i(x) + O(|x' - x|^3)\end{aligned}$$

根据定义，并将上述 Taylor 展开式代入，得

$$\begin{aligned}\overline{(\overline{u}_i\overline{u}_j)} \equiv {} & \int G(|x - x'|)\overline{u}_i(x')\,\overline{u}_j(x')\,\mathrm{d}\sigma \\ = {} & \int G(|x - x'|)\left\{\overline{u}_i(x)\,\overline{u}_j(x) + (x' - x)\right. \\ & \cdot [\overline{u}_i(x)\,\nabla\overline{u}_j(x) + \overline{u}_j(x)\,\nabla\overline{u}_j(x)] + (x' - x)(x' - x) \\ & \left.\cdot \left[\nabla\overline{u}_i\nabla\overline{u}_j + \frac{1}{2}\left(\overline{u}_i\nabla^2\overline{u}_j + \overline{u}_j\nabla^2\overline{u}_i\right)\right] + \cdots\right\}\mathrm{d}\sigma\end{aligned} \tag{4.47}$$

其中，$\overline{u}_i(x)$，$\overline{u}_j(x)$ 及其微商都与积分变量无关，可提到积分号外面。再考虑到剩下的被积函数对于积分区域的对称性和非对称性，则有

$$\int G(x-x')\,\overline{u}_i(x)\,\overline{u}_j(x)\mathrm{d}\sigma = \overline{u}_i(x)\,\overline{u}_j(x)$$

$$\int G(|x-x'|)(x'-x)\cdot[\overline{u}_i(x)\nabla\overline{u}_j(x)+\overline{u}_j(x)\nabla\overline{u}_i(x)]\,\mathrm{d}\sigma = 0$$

$$\begin{aligned}&\int G(|x-x'|)(x'-x)(x'-x)\\&\cdot\left[\nabla\overline{u}_i\nabla\overline{u}_j+\frac{1}{2}(\overline{u}_i\nabla\nabla\overline{u}_j+\overline{u}_j\nabla\nabla\overline{u}_i)\right]\mathrm{d}\sigma\\=&\frac{1}{2}\nabla\nabla(\overline{u}_i\overline{u}_j)\cdot\int G(|x-x'|)(x'-x)(x'-x)\,\mathrm{d}\sigma\\\approx&\nabla^2(\overline{u}_i\overline{u}_j)\frac{\varDelta^2}{24}\end{aligned}$$

若采用 Box 滤波函数，则最后的等式准确成立，若采用其他滤波函数，此等式也近似成立。故有

$$\overline{\overline{u}_i\overline{u}_j}\approx\overline{u}_i\overline{u}_j+\frac{\varDelta^2}{24}\nabla^2(\overline{u}_i\overline{u}_j) \tag{4.48}$$

因此 Leonard 应力

$$\lambda_{ij}=\frac{\varDelta^2}{24}\nabla^2(\overline{u}_i\overline{u}_j) \tag{4.49}$$

于是方程 (4.44) 可改写为

$$\frac{\partial\overline{u}_i}{\partial t}+\frac{\partial}{\partial x_j}(\overline{u}_i\overline{u}_j)=-\frac{\partial P}{\partial x_i}+\nu\frac{\partial^2\overline{u}_i}{\partial x_j\partial x_j}+\frac{\partial\tau_{ij}}{\partial x_j}-\frac{\partial\lambda_{ij}}{\partial x_j} \tag{4.50}$$

3. Clark 修正项模式

Clark 认为在式 (4.47) 中，$\overline{u}_i\nabla^2\overline{u}_j$ 与 $\overline{u}_j\nabla^2\overline{u}_i$ 项都很接近于零。因而提出的近似表达式为

$$\overline{\overline{u}_i\overline{u}_j}\approx\overline{u}_i\overline{u}_j+\frac{\varDelta^2}{12}\nabla\overline{u}_i\cdot\nabla\overline{u}_j \tag{4.51}$$

右边最后一项就是 Clark 的修正项。大涡模拟方程 (4.50) 中的 λ_{ij} 应以此式来代替。

4.4.4　亚格子雷诺应力的方程

如果以 u_j 乘以 u_i 分量的 N-S 方程，再以 u_i 乘以 u_j 分量的 N-S 方程，将两式相加，再进行滤波处理，便得到 $\overline{u_i u_j}$ 微分输运方程。用 $\overline{u_y}$ 的动力学方程和 $\overline{u_j}$ 动力学方程进行同学的运算，可得到 $\overline{\overline{u}_i \overline{u}_j}$ 的微分方程。将 $\overline{u_i u_j}$ 与 $\overline{\overline{u}_i \overline{u}_j}$ 输运方程做差可得亚格子雷诺应力 R_{ij} 的方程为

$$
\begin{aligned}
&\frac{\partial R_{ij}}{\partial t}+\overline{u}_k\frac{\partial}{\partial x_k}R_{ij}\\
&=-\underbrace{\left[\overline{(R_{ik}+\lambda_{ik})\frac{\partial\overline{u}_j}{\partial x_k}}+\overline{(R_{jk}+\lambda_{jk})\frac{\partial\overline{u}_i}{\partial x_k}}\right]}_{\text{产生项}}\\
&\quad+\underbrace{\overline{\frac{\overline{p}}{\rho}\left(\frac{\partial u_i}{\partial x_j}+\frac{\partial u_j}{\partial x_i}\right)}-\overline{\frac{\overline{p}}{\rho}\left(\frac{\partial\overline{u}_i}{\partial x_k}+\frac{\partial\overline{u}_j}{\partial x_i}\right)}}_{\text{再分配项}}\\
&\quad\underbrace{-2\nu\left[\overline{\frac{\partial u_i}{\partial x_k}\frac{\partial u_j}{\partial x_k}}-\overline{\frac{\partial\overline{u}_i}{\partial x_k}\frac{\partial\overline{u}_j}{\partial x_k}}\right]}_{\text{耗散项}}+\text{扩散项}
\end{aligned}
\tag{4.52}
$$

将方程 (4.52) 中的指标 i, j 收缩就可得到一个亚格子涡湍流动能 R_{kk} 的方程，其中再分配项不再出现。从方程 (4.52) 减去 $\frac{1}{3}\delta_{ij}$ 倍的 R_{kk} 的方程就给出 τ_{ij} 的方程。

方程 (4.52) 中所有的项都与熟知的一般模式理论中的雷诺应力方程极其相似，名称也相同。但也有重要差别，方程 (4.52) 中包含了更多的项，某些项在一般的雷诺时均方法中不出现，而用滤波法时才产生出来。特别指出的是，产生项中出现了 Leonard 应力，方程 (4.52) 右边所有的

项都需要建立模式。

4.4.5　亚格子尺度模式

大涡模拟中所用的亚格子尺度模式几乎沿袭了一般湍流模式理论的思想。提出了涡黏性的亚格子模式、尺度相似模式、动力输运模式以及谱空间中的涡黏性模式等。

1. Smagorinsky 涡黏性模式

假定用滤波器滤掉的小尺度脉动是局部各向同性的和局部平衡的，认为由大尺度运动向小尺度运动输运的能量等于湍动能耗散率，由此建立的涡黏性亚格子模式为

$$\tau_{ij}=\nu_t\left(\frac{\partial\overline{u}_i}{\partial x_j}+\frac{\partial\overline{u}_j}{\partial x_i}\right)=2\nu_t\overline{S_{ij}} \tag{4.53}$$

其中，ν_t 为亚格子涡黏性系数。Smagorinsky 假设

$$\nu_t=(c\varDelta)^2\left[\frac{\partial\overline{u}_i}{\partial x_j}\left(\frac{\partial\overline{u}_i}{\partial x_j}+\frac{\partial\overline{u}_j}{\partial x_i}\right)\right]^{\frac{1}{2}}=(c\varDelta)^2\left[2\overline{S_{ij}S_{ij}}\right]^{\frac{1}{2}} \tag{4.54}$$

其中，c 为无量纲常数，也称为 Smagorinsky 常数，通常取 $c=0.10$；$\varDelta$ 表示滤波器宽度或网格宽度。如果滤波器为各向不同，建议

$$\varDelta=(\Delta x_1\cdot\Delta x_2\cdot\Delta x_3)^{1/3} \tag{4.55}$$

Brdina 等选择

$$\varDelta=\left(\Delta x_1^2+\Delta x_2^2+\Delta x_3^2\right)^{1/2} \tag{4.56}$$

后来有一些学者又证明了式 (4.54) 只当湍流的积分尺度小于 $\varDelta$ 时才是正确的，而大涡模拟显然不是为此而设计的。Ferziger 建议

$$K=c\varDelta^{4/3}L^{2/3}\left[\frac{\partial\overline{u}_i}{\partial x_j}\left(\frac{\partial\overline{u}_i}{\partial x_j}+\frac{\partial\overline{u}_j}{\partial x_i}\right)\right]^{1/2} \tag{4.57}$$

其中，湍流积分尺度 L 按 $L=\dfrac{k^{3/2}}{\varepsilon}$ 来估计。

利用高雷诺数各向同性湍流的能谱可以近似确定 Smagorinsky 常数。给定滤波尺度在惯性子区，则由大尺度向小尺度的能量传输率等于湍动能耗散率，有

$$\varepsilon=2\nu_t\overline{S_{ij}S_{ij}}=(C\Delta)^2\left(2\overline{S_{ij}S_{ij}}\right)^{3/2}$$

Lilly 利用 $-5/3$ 湍动能谱曲线，可得到 Smagorinsky 常数为

$$c=\frac{1}{\pi}\left(\frac{2}{3C_k}\right)^{3/4}$$

如果取 C_k=1.4，则 c=0.18。

当将上述涡黏性模式用于近壁区域的湍流时，发现并不成功，耗散过大。有人引进过由两部分组成的涡黏性：一部分称为非均匀部分，用来考虑时均运动剪切率的贡献，它主要由壁面的存在而引起；另一部分称为各向同性部分，用来模拟来自其余大尺度运动的贡献，其基本上就是原来的涡黏性项。Pinmel-li、Ferziger 和 Moin 建议的一个长度尺度的修正公式为

$$l=C_s\left[1-\exp\left(-y^{+3}/A^{+3}\right)\right]^{1/2}(\Delta_1\Delta_2\Delta_3)^{1/3},\quad C_s=0.065,\quad A^+=26 \tag{4.58}$$

2. 二阶封闭模式

在湍流模式理论中所发展的一系列二阶封闭模式 (如一方程模式、二方程模式、代数应力模式与完全的雷诺应力模式)，在大涡模拟中也都有类似的模式，它们中的一些也有人用过。Lily 假定 $\nu_T=c\Delta\sqrt{k}$，其中 k 为亚格子尺度的动能，提出一方程模式，其中 k 方程可由 N-S 方程出

发导出。如果长度尺度 l 通过 $\varepsilon = C_2q^3/l$ 的 ε 确定，则还需引入关于湍动能耗散率 ε 的方程，由此得到二方程模式。遗憾的是一方程模式与二方程模式都未显示出对简单的涡黏性模式有显著的改进。要获得对涡黏性模式的重大改进，可能有必要进入完全的雷诺应力模式。这样做所需的计算工作量与费用将增加很大。

4.4.6　初始条件与边界条件

1. *初始条件*

初始时刻流场的全部细节不可能直接来自实验数据，因为实验数据总是极不完整的。绝大部分初始数据将用计算机虚构出来，但要由实验数据提供时均速度与湍流强度的分布，还有关于长度尺度与能谱分布的信息。初始流场由三部分之和组成。

第一部分是时均速度分布，必须满足连续方程，对于简单几何边界的流动，是容易给出的。

第二部分是具有随机性的脉动速度场，它除满足无散度条件外，还必须满足规定的湍流度分布与能谱分布。最容易实现的一种方法如下所述。

(1) 在物理空间对每一个分量，给每一个网点分配一个计算机产生的随机数。在湍流度分布非均匀的情形，可以乘上一个均方根分布的形状函数，以得到所希望的空间分布，这样产生的随机向量场的散度并不为零，也不具有所希望的谱。

(2) 求该向量场的旋度，就得到散度为零的速度场。

(3) 求速度场的傅里叶变换，对每一个傅里叶分量按所希望的谱分布指定振幅，再求逆变换，便得到所希望的初始场。

第三部分是对于槽道流动或混合层等的切变流动，为防止亚格子模式耗散掉太多的湍流动能而趋向层流，必须在流动中加入大尺度结构。它们是流动稳定性理论提供的最不稳定的扰动波解。

2. 边界条件

由于 N-S 方程是非线性的，并不总是很清楚应该规定哪些边界条件才能使数学问题的提法适定。对于流动在某个方向统计上是均匀的情形，可以在这一方向的两端边界面上采用周期性边界条件，即规定在两个相对的边界面上的点流体状态完全相同。这样就避免了需要在边界面上规定高度随机的运动细节。对于流动在统计上是非均匀的方向，有两类边界需要处理。

(1) 在自由剪切流中，在离剪切层无穷远处流动应趋近均匀流。对此处理方法是：① 用有限的计算区域，在区域的顶和底上，规定水平速度分量的垂直导数和垂直速度分量都是零。这种边界条件等价于在计算区域外面存在着镜像流动。为保证镜像流动不干扰实际流动，在流场中间的剪切层的厚度必须相对于计算区域的高度很小。② 在垂直方向用一坐标变换将无限区域变为有限区域，然后可用标准的方法规定边界条件。

(2) 对于充分发展的湍流边界层或槽道流动的壁面边界条件，其处理方法是：① 不直接处理壁面边界，将计算区域的边界设在对数速度剖面的区域内。边界条件必须保证在边界附近的速度剖面是对数剖面，此外还必须规定一些关于湍流脉动在边界上的性质条件。这种方法不可能模拟近壁流动的许多物理现象。② 准确处理壁面上的无滑流边界条件，这意味着在垂直壁面的方向必须用一非均匀的网格。

更难处理的是在非均匀方向的入流与出流边界条件，这实际上还是一个未妥善解决的问题。入流条件似乎更关键，因为上游条件的影响将在下游持续很长距离。在某些研究转捩的问题里，如上游还是层流，则必须在层流之上叠加若干 O-S(Orr-Sommerfeld) 方程的不稳定模；如上游已是湍流，则入流边界条件也必须加上随机脉动。不恰当的出流边界条件会将扰动反馈回流场内。

第 5 章 适用于壁限湍流的湍流模式

对于近壁湍流和绕过曲面边界的湍流 (如机翼绕流)，存在壁面剪切层流动、逆压梯度的边界层分离等复杂问题，人们发现以前提出的湍流模式不太适用，为此专门建议了相对应的湍流模式。

5.1 Baldwin-Lomax 模式

Baldwin-Lomax 模式适用于湍流边界层，主要的贡献是采用分区的涡黏性模式，用涡量取代变形率，对混合长度进行近壁修正。具体针对湍流边界层分内层和外层，取涡黏性为

$$\nu_t = \begin{cases} \nu_{\text{tin}}, & y \leqslant y_c \\ \nu_{\text{tout}}, & y > y_c \end{cases} \tag{5.1}$$

在内层，涡黏性系数的公式为

$$\nu_{\text{tin}} = l^2 \varOmega \tag{5.2}$$

其中，$\varOmega = \left|\bar{\varOmega}_l \bar{\varOmega}_l\right|^{\frac{1}{2}} \left(\bar{\varOmega}_l = \varepsilon_{ijk}\dfrac{\partial \bar{u}_k}{\partial x_j}\right)$ 是当地的涡量绝对值；l 是考虑近壁面修正的混合长，即

$$l = \kappa y \left[1 - \exp(-y^+/A^+)\right] \tag{5.3}$$

式中，$\kappa = 0.4$，是卡门常数；$A^+ = 26$；$y^+ = u_\tau y/\nu_w$，ν_w 是壁面处的流体运动黏性系数，$u_\tau = \sqrt{\tau_w/\rho}$ 是壁面摩擦速度。

外层区，涡黏性系数为

$$(\nu_t)_{\text{out}} = CF_{\text{wake}}F_{\text{kleb}}(y) \tag{5.4}$$

式中，$F_{\text{wake}} = \min(y_{\max}F_{\max}, C_{wk}y_{\max}U_{\text{dif}}^2/F_{\max})$，$F_{\text{wake}}$ 称为尾流函数，$F_{\max}$ 和 $y_{\max}$ 分别是函数 $F(y) = y\Omega\left[1-\exp(-y^+/A^+)\right]$ 的最大值和最大值的坐标，U_{dif} 是平均速度剖面上最大速度和最小速度之差；$F_{\text{kleb}}(y)$ 是边界层外层的间歇性修正，称为 Klebanoff 间歇函数

$$F_{\text{kleb}} = \left[1 + 5.5(C_{\text{kleb}}y/y_{\max})^6\right]^{-1} \tag{5.5}$$

其中，$C = 0.02668$，$C_{\text{kleb}} = 0.3$，$C_{wk} = 1.0$。

Baldwin-Lomax 模式，属于涡黏性代数模式，其最大优点是计算量少，只要附加黏性模块，就可以利用通常的 N-S 数值计算程序；缺点是缺乏普适性，不过其比较容易针对特定的流动状态做各种修正。比如，主要适用于小曲率的湍流边界层。对于有压强梯度和曲率的湍流边界层，可以在混合长度上加以修正。除了 Baldwin-Lomax 模式和它的改进形式外，目前工程上常用的代数涡黏性模式还有 Cebeci-Smith、Johnson-King 和 Wilcox 等模式。总的来说，对于简单的二维薄层湍流，代数模式的预测结果是令人满意的；但是对于三维复杂湍流情况，应用代数模式基本上无法获得较为准确的结果。

代数涡黏性模式缺乏普适性的主要原因是其采用了湍流的局部平衡原理，雷诺应力只与当地的时均变形率有关，忽略了湍流统计量之间关系的历史效应，而历史效应很难做局部修正，因此发展包含历史效应的模式是必要的。

5.2 涡黏性输运方程模式 (一方程模式)

波音公司的 Spalart 和 Allmaras 于 1992 年提出 Spalart-Allmaras

模式 (简称 S-A 模式)，为一方程模式，只需要求解运动涡黏性的输运方程 (考虑历史效应的)，而不需要求解当地剪切层厚度的长度尺度。S-A 模式是专门为解决涉及曲面边界绕流问题而提出的 (专门针对机翼绕流建立的)，对于求解有曲壁面和逆压梯度影响的湍流边界层问题模拟效果较好。S-A 模式的初始形式是适用于低雷诺数的湍流模式，需要很好地解决边界层的黏性影响区域的求解问题。

一方程模式假设湍流涡黏性与脉动的速度尺度和长度尺度有关，速度尺度用湍动能 k 方程求解确定，长度尺度 l 根据经验给出代数表达式。在计算涡黏性问题上 S-A 模式可求解一个关于湍流运动黏性系数改良型输运方程。主要考虑了绕流中关于在曲面上的湍流边界层发展，逆压梯度流动及其分离，激波边界层干扰，近壁区非结构网格的相容性，近壁区绕流计算的鲁棒性等问题。

在本构方程中，未知量为涡黏性系数 ν_t，雷诺剪切应力 $-\overline{u_i'u_j'} = 2\nu_t S_{ij}$，其中剪切应变张量 $S_{ij} = (\partial u_i/\partial x_j + \partial u_j/\partial x_i)/2$。在一方程模式中未直接出现湍动能 k 方程，这是因为在薄壁剪切层流动里，与剪切应力相比，湍动能不是主要的影响因素，可通过剪切应力 $\nu_t \bar{s}_{ij}$ 近似代替湍动能 k。因此，最主要的未知量就是涡黏性系数 ν_t。按照湍流模型的一般概化形式，建立涡黏性系数输运方程。

$$\frac{\mathrm{d}(\text{输运量})}{\mathrm{d}t} = \frac{\partial(\text{扩散项})}{\partial x_k} + \text{产生项} - \text{耗散项} + \text{附加项}$$

涡黏性 ν_t 的输运方程可表示为

$$\frac{\mathrm{d}\nu_t}{\mathrm{d}t} = \frac{\partial \nu_t}{\partial t} + u_j \frac{\partial \nu_t}{\partial x_j} \tag{5.6}$$

在强剪切层流动中，湍流产生项为

$$P_{\nu_t} = c_{b1} S \nu_t \tag{5.7}$$

$$S = \sqrt{2 s_{ij} s_{ij}}, \quad s_{ij} = \frac{1}{2}\left(\frac{\partial u_i}{\partial x_j} + \frac{\partial u_j}{\partial x_i}\right)$$

湍流扩散项可表示为涡黏性 ν_t 的空间导数项，即

$$\mathrm{diff}\nu_t = c_{b1} S \nu_t + \frac{1}{\sigma}\left[\nabla \cdot (\nu_t \nabla \nu_t) + c_{b2}(\nabla \nu_t)^2\right] \tag{5.8}$$

在近壁面区域高雷诺数流动中，边界壁面对剪切应力的影响是由压力梯度分布造成的。定义近壁区湍流输运方程的耗散率项为

$$\varepsilon_{\nu_t} = -c_{w1}\left|\frac{\nu_t}{d}\right|^2 \tag{5.9}$$

对于机翼绕流，在边界层外流区，需要考虑湍流的产生与扩散项；在近壁区，需要考虑耗散项。边界层对数层摩擦速度为 u_τ，则剪切应变为 $S = u_\tau/(\kappa d)$ 和涡黏性 $\nu_t = u_\tau \kappa d$。这样可由耗散项等于产生项的局部平衡假设，得到 $c_{w1} = c_{b1}/\kappa^2 + (1 + c_{b2})/\sigma$。由于耗散区的范围比较大，与壁面的距离较远，因此为了弥补这些因素所带来的误差，使用无量纲函数 f_w 进行修正

$$\varepsilon_{\nu_t} = -c_{w1} f_w \left|\frac{\nu_t}{d}\right|^2 \tag{5.10}$$

此时的涡黏性方程为

$$\begin{aligned}\frac{\mathrm{d}\nu_t}{\mathrm{d}t} &= \frac{\partial \nu_t}{\partial t} + u_j \frac{\partial \nu_t}{\partial x_j} \\ &= c_{b1} S \nu_t + \frac{1}{\sigma}\left[\nabla \cdot (\nu_t \nabla \nu_t) + c_{b2}(\nabla \nu_t)^2\right] - c_{w1} f_w \left|\frac{\nu_t}{d}\right|^2\end{aligned} \tag{5.11}$$

为选择适当的函数 f_w 修正，需要在近壁面区结合混合长理论。在近壁区，长度尺度可定义为 $l = \sqrt{\nu_t/S}$，使用 $l/(\kappa d)$ 做无量纲化，得到

无量纲参数为

$$r = \frac{l^2}{(\kappa d)^2} = \frac{\nu_t}{\kappa^2 d^2 S} \tag{5.12}$$

其中，r 和 f_w 在对数区均等于 1，在外层区域逐渐减小；d 为与壁面之间的距离。得到一个适当的修正函数为

$$f_w(r) = g\left[\frac{1+c_{w3}^6}{g^6+c_{w3}^6}\right]^{1/6}, \quad g = r + c_{w2}(r^6 - r) \tag{5.13}$$

其中，c_{w1}、c_{w2}、c_{w3} 均为常数。对于较大的 r 值，函数 f_w 可为常数。

在对数区，涡黏性 ν_t 等于 $\kappa y u_\tau$，而在缓冲区，两者不相等。通过定义 $\tilde{\nu}$ 在壁面附近的空间位置上建立关于两者的等式，即

$$\nu_t = \tilde{\nu} f_{v1}, \quad \chi = \frac{\tilde{\nu}}{\nu}, \quad f_{v1} = \frac{\chi^3}{\chi^3 + c_{v1}^3} \tag{5.14}$$

其中，$c_{v1} = 7.1$。

同时需要注意到产生项修正，采用 $\tilde{S}$ 替代 S 为

$$\tilde{S} = S + \frac{\tilde{\nu}}{\kappa^2 d^2} f_{v2}, \quad f_{v2} = 1 - \frac{\chi}{1 + \chi f_{v1}} \tag{5.15}$$

其中，f_{v2} 是一个构造函数，如同 f_{v1}，这里 $\tilde{S}$ 在整个边界层保持其对数区的特性 ($\tilde{S} = u_\tau/(\kappa y)$)。$\tilde{S}$ 在壁面处是唯一的，而 $\tilde{\nu}$ 在壁面处为 0，这样产生项满足要求。同样使用 $\tilde{\nu}$ 替代 ν_t，$r = \tilde{\nu}/(\tilde{S}\kappa^2 d^2)$。此时，输运方程变为

$$\frac{\mathrm{d}\tilde{\nu}}{\mathrm{d}t} = c_{b1}\tilde{S}\tilde{\nu} + \frac{1}{\sigma}\left\{\nabla\cdot[(\nu+\tilde{\nu})\nabla\tilde{\nu}] + c_{b2}(\nabla\tilde{\nu})^2\right\} - c_{w1} f_w \left[\frac{\tilde{\nu}}{d}\right]^2 \tag{5.16}$$

其中，方程中的各项参数为 $\sigma = \dfrac{2}{3}$，$c_{b1} = 0.1335$，$c_{b2} = 0.622$，$c_{v1} = 7.1$，$c_{w1} = \dfrac{c_{b1}}{\kappa^2} + \dfrac{1+c_{b2}}{\sigma}$，$c_{w2} = 0.3$，$c_{w3} = 2$，$\kappa = 0.41$。

5.3　k-ω 湍流模式

5.3.1　k-ω 湍流模式概述

1942 年，Kolmogorov 提出一个二方程模式，Kolmogorov 选择湍流动能 k 作为一个湍流统计特征参数，并创建控制其行为的微分方程。第二个参数为 ω，表征单位湍动能的湍动能耗散率，称为比耗散率。在建立 k-ω 模式时，ω 方程采用与 k 方程相似的微分方程。与此同时，Saffman 也独立提出一种类似的 k-ω 模式，并证明优于 Kolmogorov 的模式。同时，Spalding 对 Kolmogorov 的模式进行改进，并弥补了一些缺陷。随后，Wilcox 等深入改进了 k-ω 模式并扩展了该模式的应用范围。如今，k-ω 模式已成为应用最为广泛的湍流模式之一。

与所有二方程模式相同，k-ω 模式引入了 Boussinesq 假设，建立了雷诺应力张量与时均变形率的正比关系，即

$$-\overline{u_i'u_j'} = \nu_t \left(\frac{\partial u_i}{\partial x_j} + \frac{\partial u_j}{\partial x_i}\right) - \frac{2}{3}k\delta_{ij}$$

涡黏性系数 ν_t 通过湍动能 k 与 ω 之比计算得出

$$\nu_t = \gamma^* \frac{k}{\omega} \tag{5.17}$$

其中，γ^* 是封闭系数。湍动能 k 满足如下微分方程

$$\frac{\mathrm{d}k}{\mathrm{d}t} = \nu_t \left(\frac{\partial u_i}{\partial x_j} + \frac{\partial u_j}{\partial x_i}\right)^2 - \beta^* \omega k + \frac{\partial}{\partial x_j}\left(\sigma^* \nu_t \frac{\partial k}{\partial x_j}\right) \tag{5.18}$$

其中，β^* 与 σ^* 为系数。式 (5.18) 等号右边第一项是由平均剪切产生的湍动动能；第二项是湍动能耗散率，$\varepsilon = \beta^* \omega k$；第三项是湍动能扩散项。

5.3.2 Kolmogorov 模式

Kolmogorov 首先提出二方程的湍流模式。他给出的是单位体积单位时间内的能量耗散率。为建立与湍流外部尺度 L 的联系，Kolmogorov 引进了 ω，也称湍流特征频率，定义为 $\omega = ck^{\frac{1}{2}}/L$，其中 c 为常数。Kolmogorov 将 ω 以两种不同方式描述的原因是：一方面，ω 的倒数是湍流能量出现耗散的时间尺度，因此，该变量与耗散过程相关；另一方面，类似于层流，人们期望涡黏性与湍流脉动关系由剪切方向上的长度及速度尺度确定。因此，特征长度可依据 $\omega \propto k^{\frac{1}{2}}/L$ 的关系。

Kolmogorov 对 ω 的假设方程如下

$$\frac{\mathrm{d}\omega}{\mathrm{d}t} = -\beta\omega^2 + \frac{\partial}{\partial x_j}\left[\sigma\nu_t\frac{\partial\omega}{\partial x_j}\right] \tag{5.19}$$

该方程要注意两个特征：第一，ω 方程没有类似于 k 方程中的湍流产生项，产生项的缺失与 Kolmogorov 对于 ω 的概念是一致的，即 ω 是由湍流最小尺度涡决定的，因此 ω 并没有直接与平均流动产生相互作用；第二，式 (5.19) 是关于 ω 的输运方程而不是 ω^2 的。

Kolmogorov 仅对 β 与 β^* 之比确定适当值。为确定其他系数的数值，假定模式符合壁面对数定律，并且在接近子层的过程中满足 $\dfrac{k}{\overline{-u'v'}} = 0.3$。此外，利用 ω 可以通过将 γ^* 设置为单位 1 的方式进行缩放，确定其他系数的结果值分别为：$\beta = 0.057$，$\beta^* = 0.09$，$\gamma^* = 1$，$\sigma = \sigma^* = 1.14$。Kolmogorov 将该模式用于管道湍流计算中，并给出管道湍流的计算结果与卡门结果是吻合的。

5.3.3 Wilcox-Rubesin 模式

基于 Wilcox、Alber、Saffman 和 Traci 前期的研究成果，Wilcox 和

Rubesin 发展了一种适用于更广范围流动问题的 k-ω 模式。他们认为 ω 与耗散率 ε 和 k 之比是相关的。对于高雷诺数的湍流，ω 满足方程

$$\frac{\mathrm{d}\omega^2}{\mathrm{d}t}=\gamma\omega\left(\frac{\partial u_i}{\partial x_j}+\frac{\partial u_j}{\partial x_i}\right)^2-\left[\beta+2\sigma\left(\frac{\partial l}{\partial x_j}\right)^2\right]\omega^3+\frac{\partial}{\partial x_j}\left(\sigma\nu_t\frac{\partial\omega^2}{\partial x_j}\right) \tag{5.20}$$

其中，$l=k^{\frac{1}{2}}/\omega$ 是湍流长度尺度；$\gamma=\dfrac{10}{9}$。其余封闭系数为：$\beta=0.15$，$\beta^*=0.09$，$\gamma^*=1$，$\sigma=\sigma^*=0.50$。

与方程 (5.19) 相比，Wilcox-Rubesin 模式 (5.20) 中 ω 方程的产生项是由 k 方程产生项的 $\gamma\omega/k$ 倍得到的；其次，式 (5.20) 中的附加项与 $\left(\dfrac{\partial l}{\partial x_j}\right)^2$ 成比例并限制了湍流边界层中缓冲层的 l 峰值，明显提高了对湍流边界层的预测精度。

5.3.4　Wilcox 模式

随后，Wilcox 对 Wilcox-Rubesin 模式做了重要改进，提高了该模式对逆压梯度流动的预测精度。特别是通过将 ω 方程中的 ω^2 简写为 ω，可以获得逆压梯度流动边界层更为准确的预测结果。ω 方程为

$$\frac{\mathrm{d}\omega}{\mathrm{d}t}=\gamma\left(\frac{\partial u_i}{\partial x_j}+\frac{\partial u_j}{\partial x_i}\right)^2-\beta\omega^2+\frac{\partial}{\partial x_j}\left(\sigma\nu_t\frac{\partial\omega}{\partial x_j}\right) \tag{5.21}$$

Wilcox 给出的 ω 定义为

$$\omega=\frac{\varepsilon}{\beta k} \tag{5.22}$$

该方程与初始的 Kolmogorov 方程仅在产生项的附加项部分存在差别。其中，$\gamma=\dfrac{5}{9}$；其余封闭系数为：$\beta=0.075$，$\beta^*=0.09$，$\gamma^*=1$，$\sigma=\sigma^*=0.50$。

5.4 SST k-ω 湍流模式

Menter 于 1994 年提出剪切应力输运模式 (Shear Stress Transport Model，简称为 SST 模式)，对标准 k-ω 模式进行改进。本节也对 k-ω 的改进模式-BSL k-ω 模式进行了说明。而 SST k-ω 模式包含了 BSL k-ω 模式中的所有改进，并在湍流粘性的定义中考虑了湍流剪切应力的输运。SST k-ω 模式适应范围更大 (例如，逆压梯度流动、翼型表面流动、跨声速激波等)。

5.4.1 概述

与其他二方程湍流模式不同的是，k-ω 模式没有引入阻尼方程，并允许指定简单 Dirichlet 边界条件。由于其简单性，该模式相比于其他模式，尤其在数值稳定性方面，显示出了一定的优越性。此外，在对时均流动的预测中 k-ω 模式也表现出与其他模式相同的准确性。Wilcox 针对 k-ω 模式给出多种改进型模式，对粗糙壁面和表面质量注入的处理可以不做改变直接应用到新模式中。

值得说明是，k-ω 模式 (如同其他模式) 不能准确预测接近壁面时湍流的渐近行为。但是，作为分析基础的 N-S 方程的 Taylor 级数展开仅在紧邻壁面附近处有效。如此靠近表面时涡黏性远小于分子黏性，并且时均流动特性的渐近行为与湍流渐近行为无关。因此，即使湍流模式不是渐近一致的，时均流动特性与壁面摩擦仍然是可以进行预测的。另外，k-ω 模式无法正确表示与直接数值模拟数据一致的 k 及 ε 分布。随后，针对 k-ε 模式开发了大量的阻尼函数，使得与直接数值模拟数据的吻合性得到了改善。使用一些结合不同阻尼函数的 k-ε 模式对多种流动问题进行验证，结论表明这些具体形式的阻尼函数对预测高雷诺数流动的速度型剖面和壁面摩擦几乎没有影响。值得注意的是，时均流动求解器通过湍流模式获得的主要 (通常是唯一的) 信息是湍流涡黏性系数。

k-ω 模式用于边界层对数区的计算中，实践表明 k-ω 模式在可压缩的逆压梯度流动问题中的表现要优于 k-ε 模式。但是在边界层尾流区域，必须舍弃 k-ω 模式而选取 k-ε 模式，这是因为 k-ε 模式对边界层外部为 ω (相当任意地) 指定的自由流动值 ω_f 具有非常强的敏感性。一些研究指出，通过简单地降低 ω_f 可以使得边界层和自由剪切层中的涡黏性改变达到 100% 以上，而 k-ε 模式中不存在此类不足。

在逆压梯度流动问题中，对二方程模式行为的数学分析大大限于对数区。尽管湍流模式在对数区的行为很重要，尤其是在中等压力梯度的流动中，但尾流区域的涡黏性水平最终决定了涡黏性模式预测强逆压梯度流动的能力。尽管 k-ω 模式在对数区具有出色的特性，但其原始模式未能准确预测压力导致的分离现象，这也证明了对数区对强逆压梯度结果的影响是有限的。Bradshaw 发现主要湍流剪切应力与边界层尾流区的湍动能成正比。强行考虑此比例关系会在方程中引入滞后效应，以解释主要湍流切应力的传输。可以看出，在二方程中涡黏性的经典公式违反了 Bradshaw 的关系式，因此丢失了这一重要作用。在新湍流模式中，将对涡黏性公式进行修改以考虑传输效应。

最后，在远离表面的自由剪切层中，将使用标准 k-ε 模式。几乎没有一个模式能够对所有自由剪切流动 (尾流、射流、混合层) 进行准确预测，对此，k-ε 模式是一个合理的折中方案。为了对不同区域进行准确预测，标准的高雷诺数 k-ε 模式将转换为 k-ω 方程，然后乘以混合函数 $(1-F_1)$ 并将其与原始 k-ω 模式乘以 F_1 相结合。混合函数 F_1 在边界层的底层与对数区设为 1，并在尾流区逐渐转为 0。这意味着新模式将基于 k-ω 方程，在近壁区域使用原始的 Wilcox 模式，而在外部尾流区域和自由剪切层使用标准 k-ε 模式。

5.4.2 BSL k-ω 模式

Menter 提出了一个新模式称为基本模式 (Baseline Model，简称为 BSL 模式)。BSL 模式具有与原始 k-ω 模式相似的特性，但是避开了不可取的自由流依赖性。然后，Menter 修改了涡黏性的定义以考虑主要湍流剪切应力的传输效应。在此基础上得到的模式即为剪切应力传输模式。与原始 k-ω 模式和标准 k-ε 模式相比，这一模式的性能得到明显的改善。

BSL 模式基本思想是：在壁面附近区域保留具有较好鲁棒性和准确性的 Wilcox 的 k-ω 模式形式，并在边界层外部区域利用 k-ε 模式的自由流独立性。为此，需要建立 k-ε 模式与 k-ω 模式的转换形式。这一形式与原始的 k-ω 模式之间的区别在于，ω 方程中会出现一个附加的交叉扩散项，并且模式参数是不同的 (在转换过程中忽略了一个小的附加扩散项，而实际上该项对求解结果不产生影响)。将原始模式乘以函数 F_1，将转换后的模式乘以 $(1-F_1)$，然后将两者相加。函数 F_1 在近壁区域设为 1 (即使用原始模式)，在远离壁面处其值为 0。在边界层的尾流区将两者进行结合，即原始 k-ω 模式为

$$\frac{\mathrm{D}\rho k}{\mathrm{D}t}=\tau_{ij}\frac{\partial u_i}{\partial x_j}-\beta^*\rho\omega k+\frac{\partial}{\partial x_j}\left[(\mu+\sigma_{k1}\mu_t)\frac{\partial k}{\partial x_j}\right] \tag{5.23}$$

$$\frac{\mathrm{D}\rho\omega}{\mathrm{D}t}=\frac{\gamma_1}{\nu_t}\tau_{ij}\frac{\partial u_i}{\partial x_j}-\beta_1\rho\omega^2+\frac{\partial}{\partial x_j}\left[(\mu+\sigma_{\omega1}\mu_t)\frac{\partial\omega}{\partial x_j}\right] \tag{5.24}$$

变形的 k-ε 模式为

$$\frac{\mathrm{D}\rho k}{\mathrm{D}t} = \tau_{ij}\frac{\partial u_i}{\partial x_j} - \beta^*\rho\omega k + \frac{\partial}{\partial x_j}\left[(\mu + \sigma_{k2}\mu_t)\frac{\partial k}{\partial x_j}\right] \tag{5.25}$$

$$\frac{\mathrm{D}\rho\omega}{\mathrm{D}t} = \frac{\gamma_2}{\nu_t}\tau_{ij}\frac{\partial u_i}{\partial x_j} - \beta_2\rho\omega^2 + \frac{\partial}{\partial x_j}\left[(\mu + \sigma_{\omega 2}\mu_t)\frac{\partial \omega}{\partial x_j}\right] + 2\rho\sigma_{\omega 2}\frac{1}{\omega}\frac{\partial k}{\partial x_j}\frac{\partial \omega}{\partial x_j} \tag{5.26}$$

现在，分别将式 (5.23) 和式 (5.24) 乘以 F_1，式 (5.25) 和式 (5.26) 乘以 $(1 - F_1)$，然后将每组对应的方程相加并得到新模式为

$$\frac{\mathrm{D}\rho k}{\mathrm{D}t} = \tau_{ij}\frac{\partial u_i}{\partial x_j} - \beta^*\rho\omega k + \frac{\partial}{\partial x_j}\left[(\mu + \sigma_k\mu_t)\frac{\partial k}{\partial x_j}\right] \tag{5.27}$$

$$\frac{\mathrm{D}\rho\omega}{\mathrm{D}t} = \frac{\gamma}{\nu_t}\tau_{ij}\frac{\partial u_i}{\partial x_j} - \beta\rho\omega^2 + \frac{\partial}{\partial x_j}\left[(\mu + \sigma_\omega\mu_t)\frac{\partial \omega}{\partial x_j}\right] + 2\rho(1-F_1)\sigma_{\omega 2}\frac{1}{\omega}\frac{\partial k}{\partial x_j}\frac{\partial \omega}{\partial x_j} \tag{5.28}$$

其中，ϕ_1 表示原始 k-ω 模式中的任一常数 (σ_{k1} 等)；ϕ_2 表示变形的 k-ε 模式中的任一常数 (σ_{k2} 等)；ϕ 表示新模式中对应的常数，关系为

$$\phi = F_1\phi_1 + (1 - F_1)\phi_2 \tag{5.29}$$

其中，ϕ_1 的各项常数为：$\sigma_{k1} = 0.5$，$\sigma_{\omega 1} = 0.5$，$\beta_1 = 0.075$，$\beta^* = 0.09$，$\kappa = 0.41$，$\gamma_1 = \dfrac{\beta_1}{\beta^*} - \sigma_{\omega 1}\dfrac{\kappa^2}{\sqrt{\beta^*}}$；$\phi_2$ 的各项常数为：$\sigma_{k2} = 1.0$，$\sigma_{\omega 2} = 0.856$，$\beta_2 = 0.0828$，$\beta^* = 0.09$，$\kappa = 0.41$，$\gamma_2 = \dfrac{\beta_2}{\beta^*} - \sigma_{\omega 2}\dfrac{\kappa^2}{\sqrt{\beta^*}}$。并定义

$$\nu_t = \frac{k}{\omega}$$

$$\tau_{ij} = \mu_t\left(\frac{\partial u_i}{\partial x_j} + \frac{\partial u_j}{\partial x_i} - \frac{2}{3}\frac{\partial u_k}{\partial x_k}\delta_{ij}\right) - \frac{2}{3}\rho k\delta_{ij}$$

$$F_1 = \tanh(\arg_1^4) \tag{5.30}$$

$$\arg_1 = \min\left[\max\left(\frac{\sqrt{k}}{0.09\omega y}; \frac{500\nu}{y^2\omega}\right); \frac{4\rho\sigma_{\omega 2}k}{\mathrm{CD}_{k\omega}y^2}\right] \tag{5.31}$$

其中，y 是到壁面的距离，$\mathrm{CD}_{k\omega}$ 是式 (5.28) 中交叉扩散项的正部

$$\mathrm{CD}_{k\omega} = \max\left(2\rho\sigma_{\omega 2}\frac{1}{\omega}\frac{\partial k}{\partial x_j}\frac{\partial \omega}{\partial x_j}, 10^{-20}\right)$$

5.4.3 SST k-ω 模式

在应用空气动力学方面，涡黏性假设与全雷诺应力模式之间的主要区别之一是后者通过包含主要湍流剪切应力 $\tau = -\rho\overline{u'v'}$ 输运行为，即

$$\frac{\mathrm{D}\tau}{\mathrm{D}t} = \frac{\partial \tau}{\partial t} + u_k\frac{\partial \tau}{\partial x_k}$$

Johnson-King (JK) 模式清楚地证明了该项的重要性。JK 模式和 Cebeci-Smith 模式的主要区别在于前者包含了该项，从而显著改善了逆压梯度流动的结果。JK 模式中具有湍流剪切应力 τ 的输运方程，该方程是基于 Bradshaw 假设，即边界层中的剪切应力与湍动能 k 成正比

$$\tau = \rho a_1 k \tag{5.32}$$

其中，a_1 为常数。另外，在二方程模式中，剪切应力是通过如下等式计算的，即

$$\tau = \mu_t \Omega \tag{5.33}$$

其中，$\Omega = \partial u/\partial y$。对于常规的二方程模式，式 (5.32) 可以改写为如下形式

$$\tau = \rho\sqrt{\frac{P}{\varepsilon}}a_1 k \tag{5.34}$$

其中，ε 表示湍动能耗散率，P 表示湍动能产生项。由实验数据可以得出，在逆压梯度流动中产生项与耗散项之比会明显大于 1，因此式 (5.34) 会导致高估 τ 的大小。为了在涡黏性模式的架构中满足式 (5.34)，对涡

黏性按以下方式重新定义

$$\nu_t = \frac{a_1 k}{\max(a_1\omega; \Omega F_2)} \tag{5.35}$$

其中，F_2 在边界层中取值为 1，在自由剪切层中取值为 0。在逆压梯度边界层中，k 的产生量要大于耗散量 (或者表示为 $\Omega > a_1\omega$)，因此式 (5.35) 可保证式 (5.32) 得到满足，而原方程 $\nu_t = k/\omega$ 被用于其余部分的流动。

恢复自由剪切层的涡黏性原始公式对 SST k-ω 模式的修改仅限于壁面流动，通过应用混合函数 F_2 以一种与 BSL 模式相同的方法实现。对于一般流动，Ω 作为涡量的绝对值。

SST k-ω 模式的方程与 5.4.2 节所述的模式形式相同，仅 ϕ_1 系数略作改变。SST 模式中的 ϕ_1 系数设为：$\sigma_{k1} = 0.85$，$\sigma_{\omega 1} = 0.5$，$\beta_1 = 0.075$，$a_1 = 0.31$，$\beta^* = 0.09$，$\kappa = 0.41$，$\gamma_1 = \dfrac{\beta_1}{\beta^*} - \sigma_{\omega 1}\dfrac{\kappa^2}{\sqrt{\beta^*}}$。涡黏性定义为

$$\nu_t = \frac{a_1 k}{\max(a_1\omega; \Omega F_2)} \tag{5.36}$$

其中，Ω 为涡量的绝对值。混合函数 F_2 表示如下

$$F_2 = \tanh(\arg_2^2) \tag{5.37}$$

$$\arg_2 = \max\left(2\frac{\sqrt{k}}{0.09\omega y}; \frac{500\nu}{y^2\omega}\right) \tag{5.38}$$

5.5　DES 湍流模式

5.5.1　DES 提出

1997 年，Spalart 提出了一种混合湍流模式，在边界层内利用 RANS 模拟，在边界层外采用 LES 进行计算，该模式称为“分离涡模拟” (Detached Eddy Simulation，DES) 模式。对于实际雷诺数与几何条件下产生的大分离湍流流动，湍流 DES 模式被认为是针对该类计算与物理问题的一种有效的可靠预测方法。

对飞机或汽车绕流场 LES 计算成本的估计表明，由于近壁区域存在大范围较薄的湍流边界层，且边界层中填充了较小的附着涡，其局部尺寸 l 远小于边界层厚度 δ，这样使得计算成本超出可用计算能力若干数量级。结果导致 LES 在提出之后的很长时间内，因其计算成本昂贵而在复杂工程计算中没有得到大范围的实际应用。

另外，传统的 RANS 湍流模式在汽车和飞机领域所特有的大规模三维流动分离问题上，达到工程精度要求仍然具有很大的困难，并且在过去的几十年中，即使有了非定常求解方法 (URANS) 的帮助，RANS 模式在该问题上的进展仍然是缓慢的。大分离流动中的主要分离涡是高度依赖几何特性的，这与用于 RANS 湍流模式校准的典型薄剪切层中普遍存在的涡几乎没有关系。因此，LES 在很长一段时间内仍然是处理大分离湍流流动问题的一种有效且可靠的方法。

LES 对附着边界层的计算成本难以承受，并且 RANS 模式无法对大分离区域提供可靠预测，从而使得创建一种组合模型成为可能，即在附着边界层内采用微调 RANS 模式与在分离区采用 LES 进行处理。在这种方法中，将对边界层内的 “附着” 涡进行建模，而对较大的 “分离” 涡 (分布在分离区与尾流区) 进行计算模拟 (对该区域内的小涡进行建模，但与边界层内的涡相比尺寸很小)。正是由于这个原因，该方法称为 “分离涡模拟”。

DES 模式一经问世，很快就达到了一定的成熟度，并引起了空气动力学界越来越多的关注。DES 的 “核心” 思想于 1997 年连同基于 S-A 湍流模式的表述形式一起由 Spalart 进行了阐述。尽管从提出之时起 DES 的形式基本上没有任何变化，但是现在可以对该方法进行更为完善的定义。根据此定义，DES 是使用单一湍流模式的三维非定常数值求解，在网格密度足以满足 LES 方法需求的区域中，其采用亚格子尺度模式，而在此之外的区域采用 RANS 模式。对于 LES 方法的“足够精细”网格的定义是，其在所有三个方向上的最大空间步长 Δ 相比流动中的湍流尺度 δ_t 要小得多 (这是湍流的积分长度尺度，必然要远大于 Kolmogorov 尺度)。因此，在采用 LES 方法的区域中，模式几乎不会具有明显的控制作用，可以直接求解尺度较大的对几何形状敏感的大旋涡。较于 RANS 方法，该模式将自身调整为较低的混合水平，以释放流动中的大尺度不稳定性，并使能量级联扩展到接近网格间距的长度尺度。

相反，在采用 RANS 方法的区域 (即 Δ 大于 δ_t 的区域) 中，湍流模式具有对解完全控制的作用。但是，即使对二维的几何形状，该模式仍然是不稳定的且具有三维特性。值得注意的是，这种情况主要针对薄剪切层 (边界层或自由混合层)，RANS 方法在解决此类流动问题时在计算成本、鲁棒性和可信性方面是最为合适的。

DES 方法的一个重要特征是该方法的非区域性，因此提供了单一的速度场和涡黏性场，并且在 RANS 和 LES 区域之间不存在光滑过渡问题。还要注意的是，如果边界层保持附着并且定常 RANS 解是稳定的，则 DES 会找到该解 (除非将网格精细化至在所有三个方向上均可以 LES 形式求解边界层湍流的程度)。另外，随着网格的精细化，DES 逐渐发展成为标准 LES，进而发展成为 DNS(直接数值模拟)。

通常，使用者只能在特别感兴趣的区域中应用高分辨率，类似于“标记”这些区域以采用 LES 进行处理，但是该格式是隐式的。另一种应用

DES 的方法是在感兴趣的区域继续使用高度精细化的网格进行 RANS 求解。

5.5.2 基于 S-A 的 DES 模式

以下以基于 S-A 湍流模式的 DES 模式为例进行说明。RANS 的 S-A 模式的主控长度尺度为最近壁面间的距离 d。这使得对 DES 模式的修正简单。对该模式的修正包括在方程中的任何地方都用 d 代替新的 DES 长度尺度 $\tilde{l}$。该长度也基于网格间距 Δ，并定义为

$$\tilde{l} = \min(d, C_{\text{DES}}\Delta) \tag{5.39}$$

其中，C_{DES} 是唯一的可调整常数，并且 Δ 是基于当地网格单元的最大尺度：

$$\Delta = \max(\delta_x, \delta_y, \delta_z) \tag{5.40}$$

为简便起见，这里假设网格是结构化的，并且坐标 (x, y, z) 与网格单元对齐。对于壁面边界的分离流动，上述公式产生一个混合模式，该模式在整个附着边界层内部用 RANS 的 S-A 模式，并在包括分离区域和近尾流区的其他流动部分中作为采用大涡模拟的亚格子模式。实际上，在附着边界层中，由于该流动区域的典型网格是各向异性 $(\delta_x \approx \delta_z \gg \delta_y)$，根据式 (5.39)，$\tilde{l} = d$，该模式简化为标准的 RANS 的 S-A 模式。否则，一旦流场中的点距离壁面足够远 $(d > C_{\text{DES}}\Delta)$，该模式的长度尺度将依赖于网格，即以 S-A 模式的亚格子尺度形式进行。值得注意的是，在“平衡”状态时 (表示为产生项与消散项之间的平衡)，该模式简化为代数混合长度的近似 Smagorinski 亚格子模式。

5.6　DDES 湍流模式

5.6.1　概述

分离涡模拟和类似的混合雷诺平均的 N-S 方程组–大涡模拟 (RANS-LES) 方法被认为可在高雷诺数分离流动预报中具有良好的应用前景。这些技术已经有了广泛成功的应用案例，并且其适用范围也在逐步扩大。可以预见，目前在研究中也存在着可见的和重复的缺陷，因此有必要检查这些缺陷是否是结构性的，或者可以追溯到不适当的使用行为。结构性问题可能是由湍流物理学中的实际问题造成的，因此可能是不可避免的 (除非使用直接数值模拟方法)；或者可以通过改进策略进行补救。而对于使用不当的人为因素，主要通过指导来逐步进行限制。

最初 DES 方法被设计为使用 RANS 模式对整个边界层进行处理，并对分离区采用 LES 处理。对于原有的 DES 模式，问题归因于 RANS 与 LES 区域之间存在的“灰色地带”。结合多年的 DES 使用经验以及来自其他领域的使用反馈，并针对一些 DES 的缺陷问题，Spalart 等提出了 DES 的新模式，即延迟分离涡模拟 (Delayed Detached Eddy Simulation，DDES) 模式。

首先，基于 S-A 模式的 DES 模式，输入至湍流模式并控制涡黏性的长度尺度 $\tilde{d}$，$\tilde{d}=\min(d, C_{\mathrm{DES}}\varDelta)$，其中，$d$ 是壁面距离，C_{DES} 是 1 的量级，$\varDelta=\max(\Delta x, \Delta y, \Delta z)$ 是选定的网格间距。下面给出 DDES 模式的介绍。

5.6.2　DDES 模式

Menter 和 Kuntz 使用 SST 模式的混合函数 F_2 或 F_1 来“屏蔽”边

界层，从而暗示“保留 RANS 模式”或“延迟 LES 作用”。除了低雷诺数限制器外，这些函数之一是 $\sqrt{k}/(\omega d)$，其为 k-ω 湍流模式中内部尺度 $\sqrt{k}/\omega$ 与到壁面的距离 d 之比。混合函数 F 在边界层内等于 1，并在边缘处迅速降为 0。一方程模式 (如 S-A 模式) 没有内部长度尺度，但是包含参数 r，即模式长度尺度与壁面距离之比的平方 (长度尺度不是内部的，因为它涉及了平均剪切率)。对于 DDES 模式，参数 r 相对于 S-A 模式中的定义略有修改，以便适用于任何涡黏性模式，并且在非旋转区域具有更好的鲁棒性。为

$$r_d = \frac{\nu_t + \nu}{\sqrt{\dfrac{\partial \bar{u}_i}{\partial x_j}\dfrac{\partial \bar{u}_j}{\partial x_i}\kappa^2 d^2}} \tag{5.41}$$

其中，ν_t 是运动涡黏性系数；ν 是分子黏性系数；κ 是卡门常数；d 是到壁面的距离。与 S-A 模式中的参数 r 相似，该参数在对数层中等于 1，并在边界层的边缘逐渐降为 0。在分子中添加 ν 通过保证 r_d 远离 0 值来修正极近壁行为。在 S-A 模式中，可以使用 $\tilde{\nu}$ 代替 $\nu_t+\nu$。下标 “d” 表示“延迟”之意。

参数 r_d 用于如下方程表达：

$$f_d = 1 - \tanh([8r_d]^3) \tag{5.42}$$

该方程在 LES 区域 (即 $r_d \ll 1$ 的区域) 内的值为 1，在其他区域内的值为 0 (并且对在近壁区域 r_d 大于 1 不敏感)。它与 $1-F_2$ 类似，并且在 $r_d = 0.1$ 附近的变化率较大。

式 (5.42) 中的常数 8 和 3 是基于对函数 f_d 直观的形状要求，也是基于平板边界层中的 DDES 测试结果得到的。这些常数值保证了求解结果与 RANS 的求解结果基本吻合，即使 Δ 远小于 δ 时也是如此。大

于 8 的常数值会使得在更大的区域中延迟 LES，从避免 MSD(Modeled Stress Depletion) 的角度来看将是更为安全的，但在总体上是不希望此情况发生的。可以想象，与 S-A 模式截然不同的模式将使 $d=\delta$ 时，r_d 接近于 0，从而需要对 f_d 进行适度的调整。

将上述过程应用于基于 S-A 模式的 DES，重新对 DES 的长度尺度 $\tilde{d}$ 进行定义

$$\tilde{d}=d-f_d\max(0,d-C_{\mathrm{DES}}\Delta) \tag{5.43}$$

将 f_d 设为 0 即转化为 RANS 模式 ($\tilde{d}=d$)，将 f_d 设为 1 即转化为 1997 年版本的 DES 方法 ($\tilde{d}=\min(d,C_{\mathrm{DES}}\Delta)$)。

对于基于大多数可能的 RANS 模式的 DES 方法，DDES 将包括 f_d 乘以 RANS 和 DES 产生差异的项，如式 (5.43) 所示。

对 $\tilde{d}$ 的新公式 (5.43) 不代表 DES 内的微小调整，而是有本质的变化。在没有该方程的情况下，$\tilde{d}$ 仅取决于网格尺寸；否则，长度尺度也依赖于涡黏性场，并且与时间相关。问题与方程的程序编写无关，其关键作用是 RANS 方程的自延续性，即根据 r_d 的值进行判断，如果方程 f_d 表明该点很好地位于边界层内，则对 $\tilde{d}$ 使用式 (5.43) 的模式可以 “拒绝”LES 模式。但是，如果发生大分离现象，则 f_d 会由 0 增大，并且由 LES 模式接管。实际上，相较于 1997 年的 DES 模式，分离后会从 RANS 模式更陡然地转换为 LES 模式，这也是合乎需要的；而 RANS 与 LES 之间的 “灰色区域” 也更为狭窄。

要注意，提供防止歧义网格的保护并不会减轻 DES 的使用者在生成足够网格过程中的负担，因此在处理复杂流动问题中需要进行有意义的网格优化。

第 6 章　可压缩湍流模式

6.1　质量加权法

在可压缩流体运动中，密度随压强和温度变化。因此在湍流状态下，除了速度、压强发生脉动外，密度和温度也是不规则随机变量，当流动速度很高时 (平均流动速度马赫数 $Ma \gg 1$)，压强脉动和密度脉动等都很大，这时在时均运动方程中除了雷诺应力外，还有由密度和温度脉动引起的二阶脉动相关项，从而导致时均运动输运方程异常复杂。下面通过推导可压缩流体湍流时均运动方程组，介绍时均法和质量加权平均方法的异同。

对于不可压缩流体的瞬时湍流，其时均值定义为

$$f = \lim_{T \to \infty} \frac{1}{T} \int_{t}^{t+T} f^* \mathrm{d}t \tag{6.1}$$

式中，f^* 为任一湍流运动量的瞬时值；f 为其时均值；T 为取时均值的时间间隔。如果对不可压缩瞬时湍流量的连续方程和动量方程取时间平均，就得到著名的雷诺方程组，即

$$\frac{\mathrm{d}u_i}{\mathrm{d}t} = -\frac{1}{\rho}\frac{\partial p}{\partial x_i} + \frac{1}{\rho}\frac{\partial}{\partial x_j}\left(\mu\frac{\partial u_i}{\partial x_j} - \overline{\rho u_i' u_j'}\right), \quad i = 1, 2, 3 \tag{6.2}$$

$$\frac{\partial u_i}{\partial x_i} = 0 \tag{6.3}$$

可以看出，取时均值后使动量方程中出现了新增的变量 $-\overline{\rho u_i' u_j'}$，该项具有应力的量纲，通称为雷诺应力。事实上，雷诺应力是湍流脉动引起的

动量输运，湍流脉动通过雷诺应力影响湍流时均运动。如何补充新的关系式来确定雷诺应力是湍流计算中必须考虑的封闭问题。

对于可压缩流体的瞬时湍流 (如气体的高速流动)，采用式 (6.2) 定义的时均方法进行分解，将使时均运动方程中包含的未知湍流关联量的数目大为增加，同时也使这些方程的形式变得复杂，以下说明之。

假定可压缩流体为常比热的牛顿型完全气体，其瞬时湍流所满足的运动方程和状态方程为

$$\frac{\partial \rho^*}{\partial t}+\frac{\partial \rho^* u_i^*}{\partial x_i}=0 \tag{6.4}$$

$$\frac{\partial \rho^* u_i^*}{\partial t}+\frac{\partial \rho^* u_i^* u_j^*}{\partial x_j}=-\frac{\partial p^*}{\partial x_i}+\frac{\partial \tau_{ij}^*}{\partial x_j} \tag{6.5}$$

$$\frac{\partial \rho^* e^*}{\partial t}+\frac{\partial \rho^* u_j^* e^*}{\partial x_j}=\frac{\partial}{\partial x_j}\left(\kappa\frac{\partial T^*}{\partial x_j}\right)-p^*\frac{\partial u_j^*}{\partial x_j}+\phi^* \tag{6.6}$$

式中，e^* 是气体瞬时内能；T^* 是气体的瞬时温度；κ 是气体的导热系数；τ_{ij}^* 是瞬时牛顿流体黏性应力张量；ϕ^* 是黏性耗散功。它们分别存在如下关系式

$$e^*=c_v T^* \tag{6.7}$$

$$p^*=\rho^* R T^* \tag{6.8}$$

$$\tau_{ij}^*=\mu\left(\frac{\partial u_i^*}{\partial x_j}+\frac{\partial u_j^*}{\partial x_i}\right)-\frac{2}{3}\mu\frac{\partial \rho^* u_i^*}{\partial x_i}\delta_{ij} \tag{6.9}$$

$$\phi^*=\tau_{ij}^*\frac{\partial u_i^*}{\partial x_j} \tag{6.10}$$

式中，c_v 是气体质量定容热容；R 是气体常数；μ 是气体的动力黏性系数，假定它们都是常数。如果采用时均分解，将下式代入瞬时运动方程和能量方程中，得到

$$\begin{cases} p^*=p+p' \\ u_i^*=u_i+u_i' \end{cases} \tag{6.11}$$

$$T^* = T + T' \tag{6.12}$$

$$\rho^* = \rho + \rho' \tag{6.13}$$

$$\frac{\partial(\rho+\rho')}{\partial t} + \frac{\partial(\rho+\rho')(u_i+u_i')}{\partial x_i} = 0 \tag{6.14}$$

$$\begin{aligned}&\frac{\partial(\rho+\rho')(u_i+u_i')}{\partial t} + \frac{\partial(\rho+\rho')(u_i+u_i')(u_j+u_j')}{\partial x_j}\\ &= -\frac{\partial(p+p')}{\partial x_i} + \frac{\partial(\tau_{ij}+\tau_{ij}')}{\partial x_j}\end{aligned} \tag{6.15}$$

$$\begin{aligned}&\frac{\partial(\rho+\rho')(e+e')}{\partial t} + \frac{\partial(\rho+\rho')(u_j+u_j')(e+e')}{\partial x_j}\\ &= \frac{\partial}{\partial x_j}\left(\kappa\frac{\partial(T+T')}{\partial x_j}\right) - (p+p')\frac{\partial(u_j+u_j')}{\partial x_j} + \phi + \phi'\end{aligned} \tag{6.16}$$

对式 (6.14)~式 (6.16) 取时均值，得到时均运动方程为

$$\frac{\partial \rho}{\partial t} + \frac{\partial \rho u_i}{\partial x_i} + \frac{\partial \overline{\rho' u_i'}}{\partial x_i} = 0 \tag{6.17}$$

$$\begin{aligned}&\frac{\partial \rho u_i}{\partial t} + \frac{\partial \rho u_i u_j}{\partial x_j} + \frac{\partial \overline{\rho' u_i'}}{\partial t} + \frac{\partial(\overline{\rho' u_i'}u_j + \overline{\rho' u_j'}u_i + \overline{\rho' u_i' u_j'})}{\partial x_j}\\ &= -\frac{\partial p}{\partial x_i} + \frac{\partial(\tau_{ij} - \rho\overline{u_i' u_j'})}{\partial x_j}\end{aligned} \tag{6.18}$$

$$\begin{aligned}&\frac{\partial \rho e}{\partial t} + \frac{\partial \overline{\rho' e'}}{\partial t} + \frac{\partial \rho u_j e}{\partial x_j} + \frac{\partial(\overline{\rho' u_j'}e + \overline{\rho' e'}u_j + \rho\overline{e' u_j'} + \overline{\rho' e' u_j'})}{\partial x_j}\\ &= \frac{\partial}{\partial x_j}\left(\kappa\frac{\partial T}{\partial x_j}\right) - \left(p\frac{\partial u_j}{\partial x_j} + \overline{p'\frac{\partial u_j'}{\partial x_j}}\right) + \phi\end{aligned} \tag{6.19}$$

与不可压缩流体的时均方程相比，式 (6.17)~ 式 (6.19) 多出许多由密度脉动引起的二阶和三阶脉动相关项，这为方程的封闭带来相当大的难度。为了获得简化的时均方程，Favre (1965) 提出质量加权平均概念，用这

种平均方法可导出可压缩流动的平均方程与不可压缩牛顿流体时均流动方程具有相似的形式。对于湍动瞬时量 f^*，其质量加权的平均值定义为

$$\tilde{f} = \frac{\overline{\rho^* f^*}}{\rho} \tag{6.20}$$

式中，“~” 表示质量加权平均；“—” 表示时间平均；ρ 为时均密度。显然，$\rho = \mathrm{const}$ 时，质量加权平均值与时均值相同。

现在把湍流运动的瞬时量写为其平均值与相应脉动值之和，即

$$f^* = \tilde{f} + f'' \quad (\text{质量加权}) \tag{6.21}$$

$$f^* = f + f' \quad (\text{时均概念}) \tag{6.22}$$

式中，f'' 表示相对于质量加权平均值的脉动；f' 表示相对于时间平均值的脉动。根据定义式 (6.21)，可知质量加权平均值及其相应脉动值有下列性质。

(1) 密度加权平均值的时均值等于原加权平均值，即

$$\overline{\tilde{f}} = \lim_{T\to\infty} \frac{1}{T} \int_t^{t+T} \tilde{f} \mathrm{d}t = \tilde{f} \tag{6.23}$$

(2) 密度加权分解脉动量的加权平均值等于零，即

$$\overline{\rho^* f''} = 0 \tag{6.24}$$

(3) 密度加权分解脉动量的时间平均不等于零，有

$$\overline{f''} = -\frac{\overline{\rho' f''}}{\rho} \tag{6.25}$$

(4) 密度加权分解脉动量的时均值等于该量的时均值和加权平均值之差，即

$$\overline{f''} = f - \tilde{f} = -\frac{\overline{\rho' f'}}{\rho} \tag{6.26}$$

上式是对式 (6.21) 取时均即可得到“密度加权分解脉动量的时均值”。

以下导出可压缩流体的加权平均方程，在这些方程中，瞬时变量 u_i^*、e^*、T^* 采用密度加权平均分解，而 ρ^*、p^*、τ_{ij}^*、ϕ^* 采用时均分解。

密度加权分解：

$$u_i^* = \tilde{u}_i + u_i'', \quad e^* = \widetilde{e} + e'', \quad T^* = \tilde{T} + T''$$

时间平均分解：

$$\rho^* = \rho + \rho', \quad p^* = p + p', \quad \tau_{ij}^* = \tau_{ij} + \tau_{ij}', \quad \phi^* = \phi + \phi'$$

代入式 (6.4)~ 式 (6.6)，得到

$$\frac{\partial(\rho + \rho')}{\partial t} + \frac{\partial \rho^*(\tilde{u}_i + u_i'')}{\partial x_i} = 0 \tag{6.27}$$

$$\frac{\partial \rho^*(\tilde{u}_i + u_i'')}{\partial t} + \frac{\partial \rho^*(\tilde{u}_i + u_i'')(\tilde{u}_j + u_j'')}{\partial x_j} = -\frac{\partial(p + p')}{\partial x_i} + \frac{\partial(\tau_{ij} + \tau_{ij}')}{\partial x_j} \tag{6.28}$$

$$\begin{aligned} &\frac{\partial \rho^*(\widetilde{e} + e'')}{\partial t} + \frac{\partial \rho^*(\tilde{u}_j + u_j'')(\widetilde{e} + e'')}{\partial x_j} \\ &= \frac{\partial}{\partial x_j}\left(\kappa \frac{\partial(\tilde{T} + T'')}{\partial x_j}\right) - (p + p')\frac{\partial(\tilde{u}_j + u_j'')}{\partial x_j} + \phi + \phi' \end{aligned} \tag{6.29}$$

对式 (6.27)~式 (6.29) 取时均运算，得到

$$\frac{\partial \rho}{\partial t} + \frac{\partial \rho \tilde{u}_i}{\partial x_i} = 0 \tag{6.30}$$

$$\frac{\partial \rho \tilde{u}_i}{\partial t} + \frac{\partial \rho \tilde{u}_i \tilde{u}_j}{\partial x_j} = -\frac{\partial p}{\partial x_i} + \frac{\partial(\tau_{ij} - \overline{\rho^* u_i'' u_j''})}{\partial x_j} \tag{6.31}$$

$$\frac{\partial \rho \tilde{e}}{\partial t} + \frac{\partial \rho \tilde{e} \tilde{u}_j}{\partial x_j}$$

$$
= \frac{\partial}{\partial x_j}\left(k\frac{\partial \tilde{T}}{\partial x_j}\right) - p\frac{\partial \tilde{u}_j}{\partial x_j} + \phi - \overline{p^*\frac{\partial u_j''}{\partial x_j}} - \frac{\partial \overline{\rho^* e'' u_j''}}{\partial x_j} \tag{6.32}
$$

与可压缩流体湍流运动的时均方程 (6.17)~(6.19) 相比，上述密度加权平均方程要简单得多，在平均方程中隐去了所有的密度脉动与速度脉动的相关量。特别是连续性方程中不再出现源项，与不可压缩流动连续方程的形式相同。另外，在运动方程中出现的不封闭项 $-\overline{\rho^* u_i'' u_j''}$ 和不可压缩流体时均运动方程中的雷诺应力项在形式上完全一样。总之，密度加权平均得到的平均运动连续方程和运动方程，除了时均密度在流场中是变量外，其他形式和不可压缩湍流时均运动方程相同。因此，密度加权平均得到的可压缩流体湍流封闭可借用不可压缩湍流相应关系式，并辅以可压缩性修正，其修正量的大小与脉动速度的马赫数有关 $\left(Ma_t = \frac{\sqrt{u'^2}}{a}, a\right.$ 当地声速$\left.\right)$。通过与不可压缩流体湍流的雷诺应力方程类似推导，可压缩流体湍流运动的雷诺应力输运方程为

$$
\begin{aligned}
&\frac{\partial \overline{\rho^* u_i'' u_j''}}{\partial t} + \frac{\partial \overline{\rho^* u_i'' u_j''}\tilde{u}_k}{\partial x_k} \\
&= -\frac{\partial \overline{\rho^* u_i'' u_j'' u_k''}}{\partial x_k} - \left(\overline{u_i''\frac{\partial p^*}{\partial x_j}} + \overline{u_j''\frac{\partial p^*}{\partial x_i}}\right) \\
&\quad + \overline{u_i''\frac{\partial \tau_{jk}^*}{\partial x_k}} + \overline{u_j''\frac{\partial \tau_{ik}^*}{\partial x_k}} - \overline{\rho^* u_i'' u_k''}\frac{\partial \tilde{u}_j}{\partial x_k} - \overline{\rho^* u_j'' u_k''}\frac{\partial \tilde{u}_i}{\partial x_k}
\end{aligned} \tag{6.33}
$$

在式 (6.33) 中，令 $i = j$，则得可压缩湍流脉动动能方程为

$$
\begin{aligned}
&\frac{\partial(\overline{\rho^* u_i'' u_i''/2})}{\partial t} + \frac{\partial(\overline{\rho^* u_i'' u_i''/2})\tilde{u}_k}{\partial x_k} \\
&= -\frac{\partial\overline{(\rho^* u_i'' u_i''/2)u_k''}}{\partial x_k} - \overline{u_i''\frac{\partial p^*}{\partial x_i}} + \overline{u_i''\frac{\partial \tau_{ik}^*}{\partial x_k}} - \overline{\rho^* u_i'' u_k''}\frac{\partial \tilde{u}_i}{\partial x_k}
\end{aligned} \tag{6.34}
$$

其中，

$$
\frac{\overline{\rho^* u_i'' u_i''}}{2} = \frac{1}{2}(\overline{\rho^* u_1''^2} + \overline{\rho^* u_2''^2} + \overline{\rho^* u_3''^2})
$$

为单位体积流体的湍动能。

上述采用密度加权平均的速度和温度 (内能和温度成正比)，不仅使湍流运动的平均方程得到简化，在实验上也是可测量的。例如，采用热线测速仪时，热丝上的传热量 $h \sim \rho u$，就是说热丝上测量值实际上就是 ρu，它们的平均值就是密度加权平均值。而压强是直接测量的，因此采用时间平均法是可以的。

6.2 质量加权平均方程及其物理意义

为了简化平均运动方程，在 Favre 质量平均运算时，所采用的各物理量分解形式为

$$\begin{cases} u_i^* = \tilde{u}_i + u_i'' \\ e^* = \tilde{e} + e'' \\ T^* = \tilde{T} + T'' \\ \rho^* = \rho + \rho' \\ p^* = p + p' \\ \tau_{ij}^* = \tau_{ij} + \tau_{ij}' \\ \phi^* = \phi + \phi' \end{cases} \tag{6.35}$$

其中，平均黏性应力张量为

$$\tau_{ij} = \mu \left(\frac{\partial \tilde{u}_j}{\partial x_i} + \frac{\partial \tilde{u}_i}{\partial x_j} \right) - \frac{2}{3} \mu \frac{\partial \tilde{u}_k}{\partial x_k} \delta_{ij} = 2\mu \tilde{S}_{ij} - \frac{2}{3} \mu \frac{\partial \tilde{u}_k}{\partial x_k} \delta_{ij} \tag{6.36}$$

湍动应力项表示为

$$\tau_{ij}^t = -\overline{\rho^* u_i'' u_j''} \tag{6.37}$$

与不可压缩流动一样，Favre 平均雷诺应力张量是对称的。写成矩阵的

形成可表示为

$$[\tau_{ij}^t]=[-\overline{\rho^* u_i'' u_j''}]=\begin{bmatrix}-\overline{\rho^* u_1'' u_1''} & -\overline{\rho^* u_1'' u_2''} & -\overline{\rho^* u_1'' u_3''}\\ -\overline{\rho^* u_2'' u_1''} & -\overline{\rho^* u_2'' u_2''} & -\overline{\rho^* u_2'' u_3''}\\ -\overline{\rho^* u_3'' u_1''} & -\overline{\rho^* u_3'' u_2''} & -\overline{\rho^* u_3'' u_3''}\end{bmatrix} \tag{6.38}$$

单位质量的湍动能定义为

$$\tilde{k}=\frac{1}{2}\overline{\rho^* u_i'' u_i''}\Big/\rho \tag{6.39}$$

黏性耗散功的时均值为

$$\phi=\overline{\tau_{ij}^*\frac{\partial u_i^*}{\partial x_j}}=\tau_{ij}\frac{\partial \tilde{u}_i}{\partial x_j}+\tau_{ij}\frac{\partial \overline{u_i''}}{\partial x_j}+\overline{\tau_{ij}'\frac{\partial u_i''}{\partial x_j}} \tag{6.40}$$

质量加权平均运动的状态方程为

$$p=\rho R\tilde{T} \tag{6.41}$$

$$\tilde{e}=C_v\tilde{T} \tag{6.42}$$

其中，R 为气体常数。这样在 Favre 质量平均运算下，质量加权平均运动的连续性方程、动量方程和能量方程可写为

$$\frac{\partial \rho}{\partial t}+\frac{\partial \rho\tilde{u}_i}{\partial x_i}=0 \tag{6.43}$$

$$\frac{\partial \rho\tilde{u}_i}{\partial t}+\frac{\partial \rho\tilde{u}_i\tilde{u}_j}{\partial x_j}=-\frac{\partial p}{\partial x_i}+\frac{\partial(\tau_{ij}-\overline{\rho^* u_i'' u_j''})}{\partial x_j} \tag{6.44}$$

$$\begin{aligned}\frac{\partial \rho\tilde{e}}{\partial t}+\frac{\partial \rho\tilde{e}\tilde{u}_j}{\partial x_j}=&\frac{\partial}{\partial x_j}\left(k\frac{\partial \tilde{T}}{\partial x_j}\right)-p\frac{\partial \tilde{u}_j}{\partial x_j}\\ &+\tau_{ij}\frac{\partial \tilde{u}_i}{\partial x_j}+\overline{\tau_{ij}^*\frac{\partial u_i''}{\partial x_j}}-\overline{p^*\frac{\partial u_j''}{\partial x_j}}-\frac{\partial \overline{\rho^* e'' u_j''}}{\partial x_j}\end{aligned} \tag{6.45}$$

对于质量加权平均的雷诺应力输运方程 (6.33) 重新整理成如下形式：

$$
\begin{aligned}
&\frac{\partial\overline{\rho^* u_i'' u_j''}}{\partial t}+\frac{\partial\overline{\rho^* u_i'' u_j''}\tilde{u}_k}{\partial x_k}\\
&=\frac{\partial}{\partial x_k}\left[-\overline{u_i'' p'}\delta_{jk}-\overline{u_j'' p'}\delta_{ik}-\overline{\rho^* u_i'' u_j'' u_k''}+(\overline{\tau_{ik}^* u_j''}+\overline{\tau_{jk}^* u_i''})\right]\\
&\quad+\left(-\overline{\rho^* u_i'' u_k''}\frac{\partial\tilde{u}_j}{\partial x_k}-\overline{\rho^* u_j'' u_k''}\frac{\partial\tilde{u}_i}{\partial x_k}\right)-\left(\overline{\tau_{ik}^*\frac{\partial u_j''}{\partial x_k}+\tau_{jk}^*\frac{\partial u_i''}{\partial x_k}}\right)\\
&\quad+\overline{p'\left(\frac{\partial u_i''}{\partial x_j}+\frac{\partial u_j''}{\partial x_i}\right)}-\left(\overline{u_i''}\frac{\partial p}{\partial x_j}+\overline{u_j''}\frac{\partial p}{\partial x_i}\right)
\end{aligned}
\tag{6.46}
$$

式中，左边第一项表示湍动应力的时间变化率，左边第二项表示湍动应力的对流变化率，两者之和代表湍动应力的随体导数。右边第一项表示由压力脉动、速度脉动、分子黏性引起的湍动应力扩散项；右边第二项表示湍动应力产生项，用 ρP_{ij} 表示；右边第三项表示湍动应力耗散项，用 $\rho\varepsilon_{ij}$ 表示；右边第四项表示压力应变相关量，起能量分配的作用，用 π_{ij} 表示；右边第五项表示时均压强功率项。即

$$
\begin{aligned}
&\frac{\partial\overline{\rho^* u_i'' u_j''}}{\partial t}+\frac{\partial\overline{\rho^* u_i'' u_j''}\tilde{u}_k}{\partial x_k}\\
&=\frac{\partial}{\partial x_k}\left[-\overline{u_i'' p'}\delta_{jk}-\overline{u_j'' p'}\delta_{ik}-\overline{\rho^* u_i'' u_j'' u_k''}+(\overline{\tau_{ik}^* u_j''}+\overline{\tau_{jk}^* u_i''})\right]\\
&\quad+\rho P_{ij}-\rho\varepsilon_{ij}+\pi_{ij}-\left(\overline{u_i''}\frac{\partial p}{\partial x_j}+\overline{u_j''}\frac{\partial p}{\partial x_i}\right)
\end{aligned}
\tag{6.47}
$$

其中，

$$
\rho P_{ij}=-\overline{\rho^* u_i'' u_k''}\frac{\partial\tilde{u}_j}{\partial x_k}-\overline{\rho^* u_j'' u_k''}\frac{\partial\tilde{u}_i}{\partial x_k}
$$

$$
\rho\varepsilon_{ij}=\left(\overline{\tau_{ik}^*\frac{\partial u_j''}{\partial x_k}+\tau_{jk}^*\frac{\partial u_i''}{\partial x_k}}\right)
$$

$$
\pi_{ij}=\overline{p'\left(\frac{\partial u_i''}{\partial x_j}+\frac{\partial u_j''}{\partial x_i}\right)}
$$

在式 (6.47) 中，令 $i=j$，则得可压缩湍流湍动能方程为

$$\frac{\partial \rho \tilde{k}}{\partial t}+\frac{\partial \rho \tilde{k} \tilde{u}_k}{\partial x_k}=\frac{\partial}{\partial x_k}\left[-\overline{u_k'' p'}-\frac{1}{2}\overline{\rho^* u_i'' u_i'' u_k''}+\overline{\tau_{ik}^* u_i''}\right] -\overline{\rho^* u_i'' u_j''}\frac{\partial \tilde{u}_i}{\partial x_j}-\overline{\tau_{ij}^*\frac{\partial u_i''}{\partial x_j}}+\overline{p'\frac{\partial u_i''}{\partial x_i}}-\overline{u_i''}\frac{\partial p}{\partial x_i} \tag{6.48}$$

方程 (6.48) 各项的物理意义与湍动应力方程基本相同，其左边项表示湍动能输运率；右边第一项表示湍动能的扩散项；右边第二项表示产生项，用 ρP 表示；右边第三项表示湍动能耗散率，用 $\rho\varepsilon$ 表示；右边第四项表示脉动压强所做的膨胀功率；右边第五项表示时均压强功率项。由此，式 (6.48) 也可表示为

$$\frac{\partial \rho \tilde{k}}{\partial t}+\frac{\partial \rho \tilde{k} \tilde{u}_k}{\partial x_k}=\frac{\partial}{\partial x_k}\left[-\overline{u_k'' p'}-\frac{1}{2}\overline{\rho^* u_i'' u_i'' u_k''}+\overline{\tau_{ik}^* u_i''}\right] +\rho P-\rho\varepsilon-\overline{u_i''}\frac{\partial p}{\partial x_i}+\overline{p'\frac{\partial u_i''}{\partial x_i}} \tag{6.49}$$

其中，$\rho P=-\overline{\rho^* u_i'' u_j''}\dfrac{\partial \tilde{u}_i}{\partial x_j}$；$\rho\varepsilon=\overline{\tau_{ij}^*\dfrac{\partial u_i''}{\partial x_j}}$。

6.3 可压缩湍流模式

在可压缩流动中，流体密度的变化对流动的影响是不容忽视的，与不可压缩流动相比，除在计算中引入能量守恒方程和状态方程外，还必须考虑流体密度脉动对湍动量的影响。正如雷诺平均法引入雷诺应力张量需要封闭一样，在可压缩湍流中需要封闭密度脉动与其他脉动量之间的相关关系，这就提出了可压缩湍流模式的封闭问题。目前这方面的工作尚不成熟，以下参照 Wilcox 等的著作说明之。

6.3.1 基本模化假定

为了封闭上述可压缩流动的输运方程，需要引进一些模化假定，

Wilcox 建议了如下的一般性原则：

(1) 所模化的各物理量当马赫数和密度脉动趋于零时，其值应该趋于一个适当的极限值；

(2) 所模化的各项应当写成张量形式，而不依靠特殊的几何形状；

(3) 所模化的近似关系应当满足量纲和谐原理，同时在惯性坐标系下保持不变；

(4) 不考虑流体黏性系数、热传导系数、比热比等参数的脉动。

1. 雷诺应力张量的涡黏性假设

对于零方程、一方程、二方程模式，人们对可压缩流仍采用 Boussinesq 的涡黏性假设 (或称为弱压缩性假设)，即

$$\tau_{ij}^t = -\overline{\rho^* u_i'' u_j''} = 2\mu_t \left(\tilde{S}_{ij} - \frac{1}{3}\frac{\partial \tilde{u}_k}{\partial x_k}\delta_{ij} \right) - \frac{2}{3}\rho\tilde{k}\delta_{ij} \tag{6.50}$$

其中，$\tilde{S}_{ij} = \dfrac{1}{2}\left(\dfrac{\partial \tilde{u}_j}{\partial x_i} + \dfrac{\partial \tilde{u}_i}{\partial x_j}\right)$ 为平均运动的变形率张量。参照不可压缩湍流的情况，湍动涡黏性系数表示为

$$\mu_t = \rho\nu_t = \rho C_\mu \frac{\tilde{k}^2}{\varepsilon} \tag{6.51}$$

在不可压缩湍流中，$C_\mu = 0.09$，$C_\mu = C_\mu(M_t)$ 是湍动马赫数的函数，$M_t = \sqrt{2\tilde{k}}/a$，$a$ 为当地局部声速。Dussauge-Quine 建议的涡黏性系数为

$$\mu_t = \frac{C_\mu}{\left[1 - \dfrac{3}{2}\beta C_2 Ma^2\right]^2}\rho\frac{\tilde{k}^2}{\varepsilon}, \quad \beta = \frac{\alpha(\gamma - 1)}{C_1 - 1 + P/\varepsilon} \tag{6.52}$$

其中，$C_\mu = 0.09$，$C_2 = 1.5$，$\gamma = \dfrac{C_p}{C_V} = 1.4$，$C_1 = 1.5$，$\alpha = -0.8 \sim -1.35$；$Ma$ 表示当地平均流动马赫数。

2. 湍动能扩散项的梯度型假设

例如，在湍动能方程 (6.49) 中，为封闭因压力脉动、速度脉动、分子黏性引起的湍动能扩散项；在一方程模式、二方程模式的封闭模式中，通常用梯度型假设，即

$$-\overline{u_k''p'}-\frac{1}{2}\overline{\rho^* u_i''u_i''u_k''}+\overline{\tau_{ik}^* u_i''}=\left(\mu+\frac{\mu_t}{\sigma_k}\right)\frac{\partial\tilde{k}}{\partial x_k} \tag{6.53}$$

在质量加权能量方程 (6.45) 中，湍动热通量项假设与平均温度梯度成比例，即

$$-\overline{\rho^* e'' u_j''}=\frac{\mu_t C_\nu}{\sigma_T}\frac{\partial\tilde{T}}{\partial x_j} \tag{6.54}$$

其中，σ_T 为湍动普朗特数，通常采用常数，对于低超声速流动，假定热传导率不高，σ_T 取 0.7。

对于湍动质量通量，Sarkar 建议的梯度型表达式为

$$-\overline{\rho' u_i'}=\frac{\mu_t}{\rho\sigma_\rho}\frac{\partial\rho}{\partial x_i}=\frac{\nu_t}{\sigma_\rho}\frac{\partial\rho}{\partial x_i},\quad \overline{u_i''}=-\frac{\overline{\rho' u_i'}}{\rho}=\frac{\nu_t}{\rho\sigma_\rho}\frac{\partial\rho}{\partial x_i} \tag{6.55}$$

其中，σ_ρ 为湍动 Schmidt 数，约为 0.7。

6.3.2 不考虑密度脉动的可压缩湍流模式

一般而言，当流动的马赫数小于 5 时，密度和压力脉动对壁面湍流边界层和在短距离内压力变化不剧烈 (不存在激波) 的流动影响较小，压缩性的影响主要反映在时均密度和温度的变化上。为此 Morkovin 假定，在此情况下，密度脉动对湍动特征量的影响很小，即认为密度脉动仅是平均密度的很小部分，可以忽略。这对计算可压缩流动是一个重要的简化，意味着在计算这种可压缩湍流、非高超声速流时只需考虑平均密度变化就够了，而不考虑密度的脉动问题，此时我们可采用密度加权的平

均运动方程和不可压缩湍流模式相结合，来预测可压缩湍流的平均运动。在不考虑密度脉动的情况下，Favre 质量加权平均运算的能量方程可得到简化。由瞬时连续方程可知

$$\frac{\partial(\rho+\rho')}{\partial t}+\frac{\partial(\rho+\rho')(\tilde{u}_j+u_j'')}{\partial x_j}=0$$

减去质量加权平均运动的连续方程 (6.43)，得到脉动速度的连续性方程

$$\frac{\partial\rho'}{\partial t}+\frac{\partial(\rho u_j''+\rho'\tilde{u}_j+\rho' u_j'')}{\partial x_j}=0$$

如果忽略密度的脉动，则有

$$\frac{\partial(\rho u_j'')}{\partial x_j}=0 \tag{6.56}$$

将上式展开，有

$$\rho\frac{\partial u_j''}{\partial x_j}+u_j''\frac{\partial\rho}{\partial x_j}=0 \tag{6.57}$$

由量级比较可知

$$u_j''\frac{\partial\rho}{\partial x_j}\Big/\rho\frac{\partial u_j''}{\partial x_j}\to\frac{\Delta\rho}{\rho}\to 0$$

则有

$$\rho\frac{\partial u_j''}{\partial x_j}=0 \tag{6.58}$$

如果不考虑密度的脉动，由式 (6.25) 可知

$$\overline{f''}=-\frac{\overline{\rho' f''}}{\rho}=0 \tag{6.59}$$

这样在平均运动的能量方程 (6.45) 中，压力膨胀项为

$$\overline{p^*\frac{\partial u_j''}{\partial x_j}}=p\frac{\partial\overline{u_j''}}{\partial x_j}+\overline{p'\frac{\partial u_j''}{\partial x_j}}=0$$

平均运动能量方程 (6.45) 简化为

$$\frac{\partial\rho\tilde{e}}{\partial t}+\frac{\partial\rho\tilde{e}\tilde{u}_j}{\partial x_j}$$

$$= \frac{\partial}{\partial x_j}\left[\left(k + \frac{\mu_t C_\nu}{\sigma_T}\right)\frac{\partial \tilde{T}}{\partial x_j}\right] - p\frac{\partial \tilde{u}_j}{\partial x_j} + \tau_{ij}\frac{\partial \tilde{u}_i}{\partial x_j} + \rho\varepsilon \tag{6.60}$$

利用式 (6.42)，方程 (6.60) 变为

$$C_\nu \frac{\partial \rho \tilde{T}}{\partial t} + C_\nu \frac{\partial \rho \tilde{T} \tilde{u}_j}{\partial x_j}$$
$$= \frac{\partial}{\partial x_j}\left[\left(k + \frac{\mu_t C_\nu}{\sigma_T}\right)\frac{\partial \tilde{T}}{\partial x_j}\right] - p\frac{\partial \tilde{u}_j}{\partial x_j} + \tau_{ij}\frac{\partial \tilde{u}_i}{\partial x_j} + \rho\varepsilon \tag{6.61}$$

在湍动能方程 (6.49) 中，右边最后两项为

$$\overline{u_i''}\frac{\partial p}{\partial x_i} \approx 0, \quad \overline{p'\frac{\partial u_i''}{\partial x_i}} \approx 0$$

由此得到湍动能模式为

$$\frac{\partial \rho \tilde{k}}{\partial t} + \frac{\partial \rho \tilde{k} \tilde{u}_j}{\partial x_j} = \frac{\partial}{\partial x_j}\left[\left(\mu + \frac{\mu_t}{\sigma_k}\right)\frac{\partial \tilde{k}}{\partial x_j}\right] + \rho P - \rho\varepsilon \tag{6.62}$$

对于湍动能耗散率 ε，参照不可压缩流体的方程，可写为

$$\frac{\partial \rho\varepsilon}{\partial t} + \frac{\partial \rho\varepsilon\tilde{u}_j}{\partial x_j} = \frac{\partial}{\partial x_j}\left[\left(\mu + \frac{\mu_t}{\sigma_\varepsilon}\right)\frac{\partial \varepsilon}{\partial x_j}\right] + C_{\varepsilon 1}\frac{\varepsilon}{\tilde{k}}\rho P - C_{\varepsilon 2}\rho\frac{\varepsilon^2}{\tilde{k}} \tag{6.63}$$

模式中各经验常数须由实验确定，仍取不可压缩湍流的常数值，即 $C_\mu = 0.07 \sim 0.09, \sigma_K = 1.0, \sigma_\varepsilon = 1.3, C_{\varepsilon 1} = 1.41 \sim 1.45, C_{\varepsilon 2} = 1.9 \sim 1.92$。

6.3.3 考虑密度脉动影响的可压缩湍流模式

当脉动密度变化较大时，上述忽略密度脉动的影响将会产生较大误差，特别对于高超声速湍流、激波边界层干扰等，随着马赫数的增加，流体密度、温度和压强等量的脉动量将不是小量，此时压缩性对湍动涡体的影响必须考虑。例如，ρ'/ρ 不是小量、具有明显热传导和燃烧的流动问题。对于密度脉动较大的自由剪切流动，基于 Morkovin 假定的模式

不可能预报出随着自由流马赫数的增加可压缩剪切层的扩散率在减少的趋势 (实验结果)。对激波边界层干扰、分离的流动，也需要考虑密度脉动的影响。

由式 (6.49) 可知，在湍动能 k 方程中需要模化的项分别为湍动扩散项、压力做功项、压力膨胀项和湍动能耗散率项。关于湍动能扩散项可采用式 (6.53) 处理，以下分别给出其他各项的模化关系。

1. 压力做功项

如果采用梯度型假设，式 (6.55) 可写为

$$\overline{u_i''}\frac{\partial p}{\partial x_i}=-\frac{\overline{\rho' u_i'}}{\rho}\frac{\partial p}{\partial x_i}=\frac{\nu_t}{\rho\sigma_\rho}\frac{\partial \rho}{\partial x_i}\frac{\partial p}{\partial x_i} \tag{6.64}$$

2. 压力膨胀项

压力膨胀项不仅显式出现在湍动能方程中，而且也出现在平均能量方程中。现取瞬时动量方程散度，并利用质量守恒方程，可得到瞬时压力方程

$$\Delta p^*=-\frac{\partial^2(\rho^* u_i^* u_j^*)}{\partial x_i \partial x_j}+\frac{\partial^2(\tau_{ij}^*)}{\partial x_i \partial x_j}+\frac{\partial^2 \rho^*}{\partial^2 t} \tag{6.65}$$

利用雷诺时均分解，可得到脉动压力方程为

$$\begin{aligned}\Delta p'=&-\frac{\partial^2}{\partial x_i \partial x_j}\left[\rho u_i u_j'+\rho u_j u_i'+\rho u_i' u_j'-\rho\overline{u_i' u_j'}\right]\\&-\frac{\partial^2}{\partial x_i \partial x_j}\left[\rho' u_i u_j+\rho' u_i' u_j+\rho' u_j' u_i+\rho' u_i' u_j'-\overline{\rho' u_i'}u_j\right.\\&\left.-\overline{\rho' u_j'}u_i-\overline{\rho' u_i' u_j'}\right]+\frac{\partial^2(\tau_{ij}')}{\partial x_i \partial x_j}+\frac{\partial^2 \rho'}{\partial^2 t}\end{aligned} \tag{6.66}$$

式中，右边第一项表示在时均密度下速度脉动相关对脉动压力的贡献 (与密度脉动无关，表示流场的不可压缩部分)；右边第二项表示密度脉动相

关项对脉动压力的贡献 (表示流场的可压缩部分)；右边第三项表示脉动应力对脉动压力的贡献；右边第四项表示脉动密度的非定常性对脉动压力的贡献。由此可将脉动压力分解为

$$p' = p'_C + p'_I \tag{6.67}$$

其中，p'_C 为流场的可压缩部分引起的脉动压力 (与脉动密度相关)；p'_I 为流场的不可压缩部分引起的脉动压力 (与脉动密度无关)。式 (6.49) 中压力膨胀项写为

$$\overline{p'\frac{\partial u''_i}{\partial x_i}} = \overline{p'_C\frac{\partial u''_i}{\partial x_i}} + \overline{p'_I\frac{\partial u''_i}{\partial x_i}} \tag{6.68}$$

Sarkar 研究表明，当可压缩流动的统计特征量随时间变化的时间特征尺度大于压力脉动的声学时间尺度时，压力膨胀项的可压缩部分与不可压缩部分相比可以忽略不计，此时压力膨胀项为

$$\overline{p'\frac{\partial u''_i}{\partial x_i}} \approx \overline{p'_I\frac{\partial u''_i}{\partial x_i}} \tag{6.69}$$

与不压缩流动的脉动压力变形相关项处理类同，由式 (6.66) 可知，对于 p'_I 部分可写为

$$\Delta p'_I = -\frac{\partial^2}{\partial x_i \partial x_j}\left[\rho u_i u'_j + \rho u_j u'_i\right] - \frac{\partial^2}{\partial x_i \partial x_j}\left[\rho u'_i u'_j - \overline{\rho u'_i u'_j}\right] \tag{6.70}$$

微分式 (6.70)，可得

$$\begin{aligned}\Delta p'_I = & -2\frac{\partial u_i}{\partial x_j}\frac{\partial \rho u'_j}{\partial x_i} - 2\frac{\partial u_i}{\partial x_i}\frac{\partial \rho u'_j}{\partial x_j} - 2\rho u'_j\frac{\partial^2 u_i}{\partial x_i \partial x_j} - 2u_i\frac{\partial^2 \rho u'_j}{\partial x_i \partial x_j} \\ & - \frac{\partial^2}{\partial x_i \partial x_j}\left[\rho u'_i u'_j - \overline{\rho u'_i u'_j}\right]\end{aligned} \tag{6.71}$$

当流体密度 ρ 为常数时，式 (6.71) 变为

$$\Delta p'_I = -2\frac{\partial u_i}{\partial x_j}\frac{\partial \rho u'_j}{\partial x_i} - \frac{\partial^2}{\partial x_i \partial x_j}\left[\rho u'_i u'_j - \overline{\rho u'_i u'_j}\right] \tag{6.72}$$

利用物理方程中的格林函数法，可得到泊松方程 (6.71) 或方程 (6.72) 的解。在无界流场中，格林函数 $G(\vec{x},\vec{\xi})=\dfrac{1}{r}$，$r=\left|\vec{x}-\vec{\xi}\right|$，脉动压强的积分解为

$$
\begin{aligned}
&p_I'(x_1,x_2,x_3)\\
&=\frac{1}{4\pi}\iiint\limits_{\mathrm{E}}\left[2\frac{\partial u_i}{\partial \xi_j}\frac{\partial \rho u_j'}{\partial \xi_i}+\frac{\partial^2}{\partial \xi_i\partial \xi_j}\left[\rho u_i'u_j'-\overline{\rho u_i'u_j'}\right]\right]\frac{\mathrm{d}\xi_1\mathrm{d}\xi_2\mathrm{d}\xi_3}{r}
\end{aligned}
\tag{6.73}
$$

式中，x_i 为压强作用点位置；ξ_i 为积分变元；E 为积分区域。上式说明，在常密度流场中，某点的脉动压强是由该点领域中平均速度场与脉动速度场及其它们的梯度决定的。由于 $\lim\limits_{r\to\infty}\dfrac{1}{r}=0$，因此当 r 很大时，式 (6.73) 中被积函数值对脉动压强的贡献是很小的。

现将式 (6.73) 代入式 (6.69)，得到不可压缩脉动速度场引起的压力膨胀项的表达式为

$$
\begin{aligned}
\overline{p_I'\frac{\partial u_i''}{\partial x_i}}=&\frac{1}{4\pi}\iiint\limits_{\mathrm{E}}2\frac{\partial u_i}{\partial \xi_j}\overline{\frac{\partial u_i''}{\partial x_i}\frac{\partial \rho u_j'}{\partial \xi_i}}\frac{\mathrm{d}\xi_1\mathrm{d}\xi_2\mathrm{d}\xi_3}{r}\\
&+\frac{1}{4\pi}\iiint\limits_{\mathrm{E}}\overline{\frac{\partial u_i''}{\partial x_i}\frac{\partial^2\left[\rho u_i'u_j'-\overline{\rho u_i'u_j'}\right]}{\partial \xi_i\partial \xi_j}}\frac{\mathrm{d}\xi_1\mathrm{d}\xi_2\mathrm{d}\xi_3}{r}
\end{aligned}
\tag{6.74}
$$

其中，右边第一项是时均速度梯度与脉动速度相互作用引起的，称为快速部分 (瞬时反映当时当地时均速度梯度变化的作用，而与历史过程无关)。对于均匀剪切湍流，平均速度梯度是常数可从积分号中提出，说明该部分与当地的平均变形率呈线性关系。如果是非均匀的流场，只要平均速度梯度变化相对不是十分剧烈，仍然可以假定该部分与当地平均速度变形率呈线性关系。右边第二项只包含脉动速度及其梯度，无平均速度变形率项，说明该部分是湍流脉动速度场相互作用引起的，称为慢速

部分。由于

$$p'_I = p'_{IS} + p'_{IR} \tag{6.75}$$

$$\overline{p'\frac{\partial u''_i}{\partial x_i}} \approx \overline{p'_I\frac{\partial u''_i}{\partial x_i}} = \overline{p'_{IS}\frac{\partial u''_i}{\partial x_i}} + \overline{p'_{IR}\frac{\partial u''_i}{\partial x_i}} \tag{6.76}$$

对于慢速部分，根据量级比较

$$p'_{IS} \propto \rho' u_I^2 = \rho u_I^2 \frac{\rho'}{\rho}, \quad \frac{\partial u''_i}{\partial x_i} \propto \frac{u_C}{L} \tag{6.77}$$

$$\overline{p'_{IS}\frac{\partial u''_i}{\partial x_i}} \propto \rho \frac{u_I^3}{L}\frac{u_C}{u_I}\frac{\rho'}{\rho} \tag{6.78}$$

其中，u_C 为脉动速度的可压缩部分；u_I 为脉动速度的不可压缩部分；L 为载能涡尺度。与脉动速度不可压缩部分有关的耗散率，用 ε_s 表示，称为管量耗散率或无散度耗散率 (Solenoidal Dissipation)，可表示为

$$\varepsilon_s \propto \frac{u_I^3}{L} \tag{6.79}$$

而且

$$\frac{u_C}{u_I} \propto f(M_t), \quad \frac{\rho'}{\rho} \propto f_1(M_t) \tag{6.80}$$

其中，$M_t = \sqrt{2\tilde{k}}/a$ 为湍动马赫数；f 和 f_1 分别为 M_t 的函数。在弱压缩性情况下，如果假设 f 和 f_1 分别与 M_t 成正比，则式 (6.78) 的模化关系为

$$\overline{p'_{IS}\frac{\partial u''_i}{\partial x_i}} = \alpha_s \rho \varepsilon_s M_t^2 \tag{6.81}$$

其中，α_s 为比例系数，由各向同性湍流衰变的数值模拟结果，近似取 0.2。

对于快速部分项，根据式 (6.70)，有

$$\Delta p'_{IR} = -\frac{\partial^2}{\partial x_i \partial x_j}\left[\rho u_i u'_j + \rho u_j u'_i\right] = -2\rho\frac{\partial u_i}{\partial x_j}\frac{\partial u'_j}{\partial x_i} - 2\rho\frac{\partial u_i}{\partial x_i}\frac{\partial u'_j}{\partial x_j} + \cdots \tag{6.82}$$

受式 (6.80) 和式 (6.74) 的启发，可假设

$$\overline{p'_{IR}\frac{\partial u''_i}{\partial x_i}} = 2\rho\frac{\partial \tilde{u}_i}{\partial x_j}A_{ij} + 2\rho\frac{\partial \tilde{u}_m}{\partial x_m}A_{nn} \tag{6.83}$$

其中，A_{ij} 是与脉动速度可压缩部分有关的二阶矩阵。假设

$$A_{ij} \propto \frac{2}{3}k_C\delta_{ij} + B_{ij}M_t \tag{6.84}$$

其中，$k_C = \overline{u'_{iC}u'_{iC}}/2$ 表示脉动速度场的可压缩部分，B_{ij} 反映了脉动速度场偏离各向同性状态的程度，令

$$B_{ij} = \frac{\overline{\rho^* u''_i u''_j}}{\rho} - \frac{1}{3}\frac{\overline{\rho^* u''_i u''_i}}{\rho}\delta_{ij} = \left(\frac{\overline{\rho^* u''_i u''_j}}{\rho\tilde{k}} - \frac{2}{3}\delta_{ij}\right)\tilde{k} = b_{ij}\tilde{k} \tag{6.85}$$

其中，

$$b_{ij} = \frac{\overline{\rho^* u''_i u''_j}}{\rho\tilde{k}} - \frac{2}{3}\delta_{ij} = 2\frac{\overline{\rho^* u''_i u''_j}}{\overline{\rho^* u''_i u''_i}} - \frac{2}{3}\delta_{ij}, \quad \tilde{k} = \frac{1}{2}\frac{\overline{\rho^* u''_i u''_i}}{\rho} \tag{6.86}$$

将式 (6.85) 代入式 (6.84)，得到

$$A_{ij} \propto \frac{2}{3}k_C\delta_{ij} + b_{ij}\tilde{k}M_t \tag{6.87}$$

由于

$$\frac{k_C}{\tilde{k}} \propto M_t^2 \tag{6.88}$$

对于 $M_t < 0.5$ 的情况，假定 A_{ij} 的各向异性部分与 M_t 成正比，这样式 (6.87) 变为

$$A_{ij} \propto \frac{2}{3}M_t^2\tilde{k}\delta_{ij} + b_{ij}M_t\tilde{k} \tag{6.89}$$

将式 (6.89) 代入式 (6.83)，得到

$$\overline{p'_{IR}\frac{\partial u''_i}{\partial x_i}} = \alpha_{R1}M_t\rho\tilde{k}\frac{\partial \tilde{u}_i}{\partial x_j}b_{ij} + \frac{8}{3}\alpha_{R2}M_t^2\rho\tilde{k}\frac{\partial \tilde{u}_i}{\partial x_i} \tag{6.90}$$

其中，α_{R1} 和 α_{R2} 分别为比例系数，由均匀剪切湍流的直接数值模拟结果，近似取 $\alpha_{R1} \approx 0.15$。

将式 (6.81) 和式 (6.90) 代入式 (6.69) 中，得到

$$\overline{p'\frac{\partial u_i''}{\partial x_i}} = \alpha_{R1} M_t \rho \tilde{k} \frac{\partial \tilde{u}_i}{\partial x_j} b_{ij} + \alpha_s \rho \varepsilon_s M_t^2 + \frac{8}{3} \alpha_{R2} M_t^2 \rho \tilde{k} \frac{\partial \tilde{u}_i}{\partial x_i} \tag{6.91}$$

由 Sarkar 等的直接数值模拟结果表明，压力膨胀项对湍动能演变的贡献在均匀剪切可压缩流动中要比在衰变湍流中显得更为重要，这说明对压力膨胀项的主要贡献者来源于脉动速度场的不可压缩部分。因此，对于弱压缩性流动问题，可以暂不考虑压缩性影响的系数 α_{R2}，即

$$\overline{p'\frac{\partial u_i''}{\partial x_i}} = \alpha_{R1} M_t \rho \tilde{k} \frac{\partial \tilde{u}_i}{\partial x_j} b_{ij} + \alpha_s \rho \varepsilon_s M_t^2 \tag{6.92}$$

3. 湍动能耗散率项

按照定义，湍动能耗散率项为

$$\rho \varepsilon = \overline{\tau_{ij}^* \frac{\partial u_i''}{\partial x_j}} = \overline{\tau_{ij}^* s_{ij}''} \tag{6.93}$$

其中，$s_{ij}'' = \frac{1}{2}\left(\frac{\partial u_j''}{\partial x_i} + \frac{\partial u_i''}{\partial x_j}\right)$。

将瞬时黏性应力

$$\tau_{ij}^* = \mu\left(\frac{\partial u_j^*}{\partial x_i} + \frac{\partial u_i^*}{\partial x_j}\right) - \frac{2}{3}\mu \frac{\partial u_k^*}{\partial x_k}\delta_{ij} = 2\mu S_{ij}^* - \frac{2}{3}\mu \frac{\partial u_k^*}{\partial x_k}\delta_{ij} \tag{6.94}$$

代入式 (6.93)，得

$$\rho \varepsilon = \overline{\tau_{ij}^* \frac{\partial u_i''}{\partial x_j}} = \overline{\left(2\mu S_{ij}^* - \frac{2}{3}\mu \frac{\partial u_k^*}{\partial x_k}\delta_{ij}\right) s_{ij}''} \tag{6.95}$$

如果不考虑黏性系数的脉动，将速度场按照质量加权平均分解，则有

$$\rho \varepsilon = \overline{\tau_{ij}^* \frac{\partial u_i''}{\partial x_j}} = \overline{\left[2\mu (s_{ij}^* + s_{ij}'') - \frac{2}{3}\mu \left(\frac{\partial \tilde{u}_k}{\partial x_k} + \frac{\partial u_k''}{\partial x_k}\right)\delta_{ij}\right] s_{ij}''} \tag{6.96}$$

由于，$\overline{\mu\tilde{S}_{ij}s''_{ij}} = \nu\tilde{S}_{ij}\overline{\rho^* s''_{ij}} = \nu\tilde{S}_{ij}\overline{\rho^* s''_{ij}} = 0$，则

$$\begin{aligned}
\rho\varepsilon &= \overline{\tau^*_{ij}\frac{\partial u''_i}{\partial x_j}} \\
&= 2\nu\overline{\rho^* s''_{ij}s''_{ij}} - \frac{2}{3}\nu\overline{\rho^*\frac{\partial u''_i}{\partial x_i}\frac{\partial u''_j}{\partial x_j}} \\
&= 2\mu\frac{\overline{\rho^* s''_{ij}s''_{ij}}}{\rho} - \frac{2}{3}\mu\frac{\overline{\rho^*\frac{\partial u''_i}{\partial x_i}\frac{\partial u''_j}{\partial x_j}}}{\rho}
\end{aligned} \tag{6.97}$$

如果对速度场采用雷诺时均分解，则有

$$\begin{aligned}
\rho\varepsilon &= \overline{\tau^*_{ij}\frac{\partial u'_i}{\partial x_j}} \\
&= \overline{\left[2\mu(S_{ij}+s'_{ij}) - \frac{2}{3}\mu\left(\frac{\partial u_k}{\partial x_k}+\frac{\partial u'_k}{\partial x_k}\right)\delta_{ij}\right]s'_{ij}} \\
&= 2\mu\overline{s'_{ij}s'_{ij}} - \frac{2}{3}\mu\overline{\frac{\partial u'_i}{\partial x_i}\frac{\partial u'_j}{\partial x_j}}
\end{aligned} \tag{6.98}$$

说明式 (6.97) 与式 (6.98) 是相似的，为便于推导，以下利用式 (6.96) 进行模化处理。

如果引入脉动速度场涡量 (湍动涡量) 概念，则有脉动速度的涡量分量为

$$\vec{\omega} = \nabla\times\vec{u'}, \quad \omega'_k = \varepsilon_{ijk}\frac{\partial u'_j}{\partial x_i} \tag{6.99}$$

式中，ε_{ijk} 为顺序记号。由于

$$\frac{\partial u'_j}{\partial x_i} = \frac{1}{2}\left(\frac{\partial u'_j}{\partial x_i}+\frac{\partial u'_i}{\partial x_j}\right) + \frac{1}{2}\left(\frac{\partial u'_j}{\partial x_i}-\frac{\partial u'_i}{\partial x_j}\right) = s'_{ij}+\zeta'_{ij} \tag{6.100}$$

其中，ζ'_{ij} 为脉动速度场的反对称张量。由于

$$\frac{\partial u'_i}{\partial x_j} = \frac{1}{2}\left(\frac{\partial u'_i}{\partial x_j}+\frac{\partial u'_j}{\partial x_i}\right) + \frac{1}{2}\left(\frac{\partial u'_i}{\partial x_j}-\frac{\partial u'_j}{\partial x_i}\right) = s'_{ij}-\zeta'_{ij} \tag{6.101}$$

利用式 (6.100) 和式 (6.101)，有

$$\begin{aligned}\overline{s'_{ij}s'_{ij}} = \overline{s'_{ij}s'_{ji}} &= \overline{\left(\frac{\partial u'_i}{\partial x_j} + \zeta'_{ij}\right)\left(\frac{\partial u'_j}{\partial x_i} - \zeta'_{ij}\right)} \\ &= \overline{\frac{\partial u'_i}{\partial x_j}\frac{\partial u'_j}{\partial x_i}} + \overline{\zeta'_{ij}\left(\frac{\partial u'_j}{\partial x_i} - \frac{\partial u'_i}{\partial x_j}\right)} - \overline{\zeta'_{ij}\zeta'_{ij}} \\ &= \overline{\frac{\partial u'_i}{\partial x_j}\frac{\partial u'_j}{\partial x_i}} + \overline{\zeta'_{ji}\zeta'_{ij}}\end{aligned} \tag{6.102}$$

另外

$$\begin{aligned}\omega'_k\omega'_k &= \varepsilon_{ijk}\varepsilon_{mnk}\frac{\partial u'_j}{\partial x_i}\frac{\partial u'_n}{\partial x_m} \\ &= (\delta_{im}\delta_{jn} - \delta_{jm}\delta_{in})\frac{\partial u'_j}{\partial x_i}\frac{\partial u'_n}{\partial x_m} \\ &= \frac{\partial u'_j}{\partial x_i}\frac{\partial u'_j}{\partial x_i} - \frac{\partial u'_j}{\partial x_i}\frac{\partial u'_i}{\partial x_j}\end{aligned} \tag{6.103}$$

$$\begin{aligned}2\zeta'_{ij}\zeta'_{ij} &= \frac{1}{2}\left(\frac{\partial u'_i}{\partial x_j} - \frac{\partial u'_j}{\partial x_i}\right)\left(\frac{\partial u'_i}{\partial x_j} - \frac{\partial u'_j}{\partial x_i}\right) \\ &= \frac{\partial u'_j}{\partial x_i}\frac{\partial u'_j}{\partial x_i} - \frac{\partial u'_j}{\partial x_i}\frac{\partial u'_i}{\partial x_j}\end{aligned} \tag{6.104}$$

比较以上两式，可得

$$\overline{\zeta'_{ij}\zeta'_{ij}} = \frac{1}{2}\overline{\omega'_k\omega'_k} \tag{6.105}$$

又由于

$$\overline{\frac{\partial u'_i}{\partial x_j}\frac{\partial u'_j}{\partial x_i}} = \frac{\partial^2\overline{u'_iu'_j}}{\partial x_i\partial x_j} - 2\frac{\partial}{\partial x_j}\left(\overline{\frac{\partial u'_i}{\partial x_i}u'_j}\right) + \overline{\frac{\partial u'_i}{\partial x_i}\frac{\partial u'_j}{\partial x_j}} \tag{6.106}$$

对于均匀湍流或高雷诺数的非均匀湍流的渐近结构，式 (6.104) 可简化为

$$\overline{\frac{\partial u'_i}{\partial x_j}\frac{\partial u'_j}{\partial x_i}} = \overline{\frac{\partial u'_i}{\partial x_i}\frac{\partial u'_j}{\partial x_j}} \tag{6.107}$$

将式 (6.107)、式 (6.103)~式 (6.105) 代入式 (6.98) 得到

$$\rho\varepsilon=\overline{\tau_{ij}^{*}\frac{\partial u_i'}{\partial x_j}}=2\mu\overline{s_{ij}'s_{ij}'}-\frac{2}{3}\mu\overline{\frac{\partial u_i'}{\partial x_i}\frac{\partial u_j'}{\partial x_j}}=2\mu\overline{\zeta_{ji}'\zeta_{ij}'}+\frac{4}{3}\mu\overline{\frac{\partial u_i'}{\partial x_i}\frac{\partial u_j'}{\partial x_j}} \tag{6.108}$$

引入式 (6.99)，最后整理得到

$$\rho\varepsilon=\overline{\tau_{ij}^{*}\frac{\partial u_i'}{\partial x_j}}=2\mu\overline{s_{ij}'s_{ij}'}-\frac{2}{3}\mu\overline{\frac{\partial u_i'}{\partial x_i}\frac{\partial u_i'}{\partial x_i}}=\mu\overline{\omega_k'\omega_k'}+\frac{4}{3}\mu\overline{\frac{\partial u_i'}{\partial x_i}\frac{\partial u_j'}{\partial x_j}} \tag{6.109}$$

由此式表明，在可压缩湍流中，湍动能耗散率可分解为：由脉动速度场涡量决定的管量耗散率 $\rho\varepsilon_s$ (在不可压缩湍流场中，反映了 Kolmogorov 能量级串过程，也称为无散度耗散率) 和由脉动速度场的可压缩部分引起的耗散率 (表示脉动速度场的压缩耗散率或膨胀耗散率) $\rho\varepsilon_d$，即

$$\rho\varepsilon=\rho\varepsilon_s+\rho\varepsilon_d \tag{6.110}$$

其中，$\rho\varepsilon_s=\mu\overline{\omega_k'\omega_k'}$；$\rho\varepsilon_d=\frac{4}{3}\mu\overline{\frac{\partial u_i'}{\partial x_i}\frac{\partial u_j'}{\partial x_j}}$。同理，如果采用质量加权平均，根据式 (6.97)，式 (6.110) 中的各项表示为

$$\rho\varepsilon=\overline{\tau_{ij}^{*}\frac{\partial u_i''}{\partial x_j}},\quad \rho\varepsilon_s=\mu\frac{\overline{\rho^{*}\omega_k''\omega_k''}}{\rho},\quad \rho\varepsilon_d=\frac{4}{3}\mu\frac{\overline{\rho^{*}\frac{\partial u_i''}{\partial x_i}\frac{\partial u_j''}{\partial x_j}}}{\rho} \tag{6.111}$$

Zeman 建议，膨胀耗散率 (可压缩耗散率) 与无散度耗散率成正比。Wilcox 基于 Sarkar 和 Zeman 等的模式，针对可压缩自由剪切层，提出的模式为

$$\rho\varepsilon_d=1.5f(M_t)\rho\varepsilon_s \tag{6.112}$$

其中，函数 f 表示为

$$f(M_t)=\begin{cases}\left|M_t^2-M_{t0}^2\right|, & M_t>M_{t0}\\ 0, & M_t<M_{t0}\end{cases},\quad M_{t0}=0.25,\ M_t=\sqrt{2k/a} \tag{6.113}$$

Sarkar 给出了一个类似的模化关系，即

$$\rho\varepsilon_d = \alpha_d M_t^2 \rho\varepsilon_s \tag{6.114}$$

基于各向同性可压缩湍流的直接数值模拟结果，系数 $\alpha_d = 1.0$。

4. 湍动能 k 模式

精确形式为

$$\frac{\partial\rho\tilde{k}}{\partial t} + \frac{\partial\rho\tilde{k}\tilde{u}_k}{\partial x_k} = \frac{\partial}{\partial x_k}\left[-\overline{u_k''p'} - \frac{1}{2}\overline{\rho^* u_i'' u_i'' u_k''} + \overline{\tau_{ik}^* u_i''}\right] + \rho P - \rho\varepsilon - \overline{u_i''}\frac{\partial p}{\partial x_i} + \overline{p'\frac{\partial u_i''}{\partial x_i}}$$

将模化关系式 (6.53)、式 (6.64)、式 (6.92)、式 (6.110)、式 (6.114) 代入上式，得到湍动能 k 方程模式为

$$\frac{\partial\rho\tilde{k}}{\partial t} + \frac{\partial\rho\tilde{k}\tilde{u}_j}{\partial x_j} = \frac{\partial}{\partial x_j}\left[\left(\mu + \frac{\mu_t}{\sigma_k}\right)\frac{\partial\tilde{k}}{\partial x_j}\right] + \rho P - \rho\varepsilon_s(1 + \alpha_d M_t^2 - \alpha_s M_t^2) - \frac{\nu_t}{\rho\sigma_\rho}\frac{\partial\rho}{\partial x_i}\frac{\partial p}{\partial x_i} + \alpha_{R1} M_t \rho\tilde{k}\frac{\partial\tilde{u}_i}{\partial x_j} b_{ij} \tag{6.115}$$

其中，方程中各系数为：$\sigma_k = 1.0$、$\alpha_d = 1.0$、$\alpha_s = 0.2$、$\sigma_\rho = 0.7$、$\alpha_{R1} = 0.15$。

5. 无散度湍动能耗散率 ε_s 模式

如果利用式 (6.110)，湍动能耗散率分为无散度耗散率和膨胀耗散率两部分。并利用式 (6.114)，有

$$\rho\varepsilon = \rho\varepsilon_s + \rho\varepsilon_d = \rho\varepsilon_s + \alpha_d M_t^2 \rho\varepsilon_s = \rho\varepsilon_s(1 + \alpha_d M_t^2) \tag{6.116}$$

则仅需要给出无散度耗散率 ε_s 的模式。Sarkar 和 Zeman 考虑到 ε_s 是由无散度的脉动速度涡量场决定的，通过分析直接数值模拟的结果，认

为 Kolmogorov 能量级串过程受可压缩性的影响很小，故对于可压缩高雷诺数情况，ε_s 几乎不受压缩性的影响，可以直接利用不可压缩湍流的湍动能耗散率模式。这样，直接引用式 (6.63)，得到关于无散度耗散率的输运模式

$$\frac{\partial \rho\varepsilon_s}{\partial t}+\frac{\partial \rho\varepsilon_s\tilde{u}_j}{\partial x_j}=\frac{\partial}{\partial x_j}\left[\left(\mu+\frac{\mu_t}{\sigma_\varepsilon}\right)\frac{\partial \varepsilon_s}{\partial x_j}\right]+C_{\varepsilon 1}\frac{\varepsilon_s}{\tilde{k}}\rho P-C_{\varepsilon 2}\rho\frac{\varepsilon_s^2}{\tilde{k}} \tag{6.117}$$

式中，各经验常数取值为：$\sigma_\varepsilon=1.3$，$C_{\varepsilon 1}=1.41\sim 1.45$，$C_{\varepsilon 2}=1.9\sim 1.92$。

如果不采用式 (6.117) 分解湍动能耗散率 ε，可以直接建立 ε 的模式方程。对于可压缩高雷诺数湍流场，Rubesin 给出的考虑了压缩性影响的关于总湍动能耗散率 ε 的模式为

$$\begin{aligned}\frac{\partial \rho\varepsilon}{\partial t}+\frac{\partial \rho\varepsilon\tilde{u}_j}{\partial x_j}=&\frac{\partial}{\partial x_j}\left[\left(\mu+\frac{\mu_t}{\sigma_\varepsilon}\right)\frac{\partial \varepsilon}{\partial x_j}\right]+C_{\varepsilon 1}\frac{\varepsilon}{\tilde{k}}\rho P-\mathrm{C}_{\varepsilon 2}\rho\frac{\varepsilon^2}{\tilde{k}}\\&+\mathrm{C}_{\varepsilon 3}\frac{\varepsilon}{\tilde{k}}\overline{p'\frac{\partial u_i''}{\partial x_i}}-\mathrm{C}_{\varepsilon 4}\frac{\varepsilon}{\tilde{k}}\overline{u_i''}\frac{\partial p}{\partial x_i}-\mathrm{C}_{\varepsilon 5}\rho\varepsilon\frac{\partial \tilde{u}_i}{\partial x_i}\end{aligned} \tag{6.118}$$

将模化关系式 (6.64)、式 (6.92) 代入上式，得到湍动能耗散率方程为

$$\begin{aligned}\frac{\partial \rho\varepsilon}{\partial t}+\frac{\partial \rho\varepsilon\tilde{u}_j}{\partial x_j}=&\frac{\partial}{\partial x_j}\left[\left(\mu+\frac{\mu_t}{\sigma_\varepsilon}\right)\frac{\partial \varepsilon}{\partial x_j}\right]+C_{\varepsilon 1}\frac{\varepsilon}{\tilde{k}}\rho P-\mathrm{C}_{\varepsilon 2}\rho\frac{\varepsilon^2}{\tilde{k}}\\&+\mathrm{C}_{\varepsilon 3}\frac{\varepsilon}{\tilde{k}}\left(\alpha_{R1}M_t\rho\tilde{k}\frac{\partial \tilde{u}_i}{\partial x_j}b_{ij}+\alpha_s\rho\varepsilon_s M_t^2\right)\\&-\mathrm{C}_{\varepsilon 4}\frac{\varepsilon}{\tilde{k}}\frac{\nu_t}{\rho\sigma_\rho}\frac{\partial \rho}{\partial x_i}\frac{\partial p}{\partial x_i}-\mathrm{C}_{\varepsilon 5}\rho\varepsilon\frac{\partial \tilde{u}_i}{\partial x_i}\end{aligned} \tag{6.119}$$

式中，第一行表示不可压缩湍流的湍动能耗散率方程，主要反映了无散度耗散率项；后两行的三项表示可压缩性的影响，其中，第一项表示压力膨胀项的作用，第二项表示时均压力做功项的作用，第三项表示通过激波层时对湍动尺度的影响。Ha Minh 等通过对激波边界层干扰和壁面

流动的研究结果建议：

$$\sigma_\varepsilon = 1.3,\quad C_{\varepsilon 1} = 1.44 \sim 1.57,\quad C_{\varepsilon 2} = 1.92,\quad C_{\varepsilon 4} = 1.0,\quad C_{\varepsilon 5} = 1/3$$

6. 平均能量方程模式

精确的平均能量方程为

$$\begin{aligned}&\frac{\partial \rho\tilde{e}}{\partial t} + \frac{\partial \rho\tilde{e}\tilde{u}_j}{\partial x_j}\\ &= \frac{\partial}{\partial x_j}\left(k\frac{\partial \tilde{T}}{\partial x_j}\right) - p\frac{\partial \tilde{u}_j}{\partial x_j} + \tau_{ij}\frac{\partial \tilde{u}_i}{\partial x_j} + \overline{\tau_{ij}^*\frac{\partial u_i''}{\partial x_j}} - \overline{p^*\frac{\partial u_j''}{\partial x_j}} - \frac{\partial \overline{\rho^* e'' u_j''}}{\partial x_j}\end{aligned}$$

由于

$$\overline{p^*\frac{\partial u_j''}{\partial x_j}} = \overline{(p+p')\frac{\partial u_j''}{\partial x_j}} = p\frac{\partial \overline{u_j''}}{\partial x_j} + \overline{p'\frac{\partial u_j''}{\partial x_j}} \tag{6.120}$$

将式 (6.120) 代入精确平均能量方程中，得到

$$\begin{aligned}&\frac{\partial \rho\tilde{e}}{\partial t} + \frac{\partial \rho\tilde{e}\tilde{u}_j}{\partial x_j}\\ &= \frac{\partial}{\partial x_j}\left(k\frac{\partial \tilde{T}}{\partial x_j}\right) - p\frac{\partial \tilde{u}_j}{\partial x_j} + \tau_{ij}\frac{\partial \tilde{u}_i}{\partial x_j} + \rho\varepsilon - p\frac{\partial \overline{u_j''}}{\partial x_j} - \overline{p'\frac{\partial u_j''}{\partial x_j}} - \frac{\partial \overline{\rho^* e'' u_j''}}{\partial x_j}\end{aligned} \tag{6.121}$$

将式 (6.54)、式 (6.55)、式 (6.92)、式 (6.110)、式 (6.114) 代入式 (6.121) 得到

$$\begin{aligned}&\frac{\partial \rho\tilde{e}}{\partial t} + \frac{\partial \rho\tilde{e}\tilde{u}_j}{\partial x_j}\\ &= \frac{\partial}{\partial x_j}\left(\left(k + \frac{\mu_t C_\nu}{\sigma_T}\right)\frac{\partial \tilde{T}}{\partial x_j}\right) - p\frac{\partial}{\partial x_j}\left(\tilde{u}_j + \frac{\nu_t}{\rho\sigma_\rho}\frac{\partial \rho}{\partial x_j}\right) + \tau_{ij}\frac{\partial \tilde{u}_i}{\partial x_j}\\ &\quad + \rho\varepsilon_s(1 + \alpha_d M_t^2 - \alpha_s M_t^2) - \alpha_{R1} M_t \rho\tilde{k}\frac{\partial \tilde{u}_i}{\partial x_j}b_{ij}\end{aligned} \tag{6.122}$$

7. 其他标量输运方程模式

Lejeune 等在预报高速湍动混合层时，导出下列关于密度脉动方差的输运方程模式，即

$$\frac{\partial\overline{\rho'^2}}{\partial t}+\tilde{u}_j\frac{\partial\overline{\rho'^2}}{\partial x_j}=-\overline{\rho'^2}\frac{\partial\tilde{u}_j}{\partial x_j}+2\frac{\mu_t}{\rho\sigma_\rho}\left(\frac{\partial\rho}{\partial x_j}\right)^2+\frac{\partial}{\partial x_j}\left[\mu_t\frac{\partial}{\partial x_j}\left(\frac{\overline{\rho'^2}}{\rho}\right)\right]-2\frac{\rho^2}{\gamma p}\overline{p'\frac{\partial u_j''}{\partial x_j}} \tag{6.123}$$

式中，压力膨胀项的模化关系为

$$\overline{p'\frac{\partial u_j''}{\partial x_j}}=\alpha\frac{\overline{\rho'^2}}{\rho^2}\frac{\gamma p}{M_t}\frac{\varepsilon}{\tilde{k}} \tag{6.124}$$

其中，$\gamma=C_p/C_\nu=1.4$；M_t 为湍动马赫数；$\alpha=-0.05$；$\sigma_\rho=0.7$。

Hamba 在研究均匀剪切湍流时，提出如下的脉动压力方差输运方程模式，即

$$\frac{\partial\overline{p'^2}}{\partial t}+\tilde{u}_j\frac{\partial\overline{p'^2}}{\partial x_j}=-2\gamma p\overline{p'\frac{\partial u_j''}{\partial x_j}}-\varepsilon_p \tag{6.125}$$

其中，ε_p 为脉动压力方差耗散率，可用如下的模化形式：

$$\varepsilon_p=C_{p1}(\gamma-1)\frac{\overline{p'^2}}{kP_t}\varepsilon \tag{6.126}$$

式中，$k=\frac{1}{2}\overline{u_i'u_i'}$ 为单位质量湍动能；$P_t=-\overline{u_i'u_j'}\frac{\partial u_i}{\partial x_j}$ 为湍动能产生项；常数 C_{p1} 与湍动马赫数有关，在 $M_t=0.3$ 时，$C_{p1}=1.3$。关于压力膨胀项，采用

$$\overline{p'\frac{\partial u_j''}{\partial x_j}}=-(1-C_{p3}\zeta_p)\left[C_{p1}M_t^2\left(\frac{\partial(\rho k)}{\partial t}+u_j\frac{\partial(\rho k)}{\partial x_j}\right)+C_{p2}\gamma M_t^2\rho k\frac{\partial u_i}{\partial x_i}\right] \tag{6.127}$$

式中，ζ_p 表示无量纲脉动压力方差，反映了弱脉动流动的势能与动能的

比值，即

$$\zeta_p = \frac{\overline{p'^2}}{2\rho^2 a^2 k} \tag{6.128}$$

其中，系数 $C_{p3} = 6.0$。对于时均速度散度为零的均匀剪切湍流，系数 C_{p2} 值不需要给定。

6.4　可压缩湍流中脉动速度与脉动压强之间的能量转换机制

随着流动马赫数的增大，与热力学有关的变量 (如密度、温度、压强) 脉动越来越重要。此时，湍流速度场不再满足无散度条件，这样在湍流方程模化中必须考虑热力学变量的脉动与湍动速度场体积变形率之间的各种相关关系，尤为重要的是脉动速度场的膨胀率与压强和耗散率的相关关系，即压力膨胀和膨胀耗散率项。根据 Morkovin 假设，当密度的脉动量与平均密度之比是小量时，可以不考虑压缩性的影响，可用平均密度变化的不可压缩湍流模式来预报平均流动的发展，例如，Bradshaw 成功地用这种方法预报了来流马赫数小于 5 的湍流边界层和来流马赫数小于 1.5 的可压缩射流。但在高速流动问题中，要想正确刻画激波与边界层的干扰、混合层扩散率的衰减等复杂流动问题，必须在湍流输运方程中正确考虑压缩性的影响。在高速流动问题中，除密度脉动和压强脉动强度外，湍动马赫数也是一个很重要的衡量可压缩性参数，$M_t = \sqrt{2\tilde{k}/a}$，$\tilde{k}$ 为单位质量的湍动能，a 为当地平均流声速。

为了显示压力膨胀项与膨胀耗散率项的作用，Sarkar 等直接数值模拟了不同来流湍动马赫数 M_t 下可压缩均匀剪切湍流的发展 (计算区域边长 2π 的立方体，网格数 96^3，基于 Taylor 微观尺度的 Re_λ 数达到 35，来流湍动马赫数 M_t 达 0.6)。由图 6.1 给出均匀剪切湍流湍动能 $\tilde{k}$ 随时间的演变过程，图中平均流的速度梯度为常数 $S(=\mathrm{d}u/\mathrm{d}y)$，时间坐标用 S 无量纲化。该图说明，在不同来流湍动马赫数下湍动能 $\tilde{k}$ 随时间的增大而增大，在给定时间情况下，湍动能 $\tilde{k}$ 随来流湍动马赫数 M_t 增大而减小。说明在均匀剪切湍流情况下，增大压缩性将导致减小湍动能 $\tilde{k}$ 的发展。图 6.2 给出均匀剪切湍流湍动能耗散率 ε 随时间的演变过程，该图说明，在无量纲时间 $St<4$ 的情况下，受膨胀耗散率 ε_d 的影响，总耗散率 ε 随来流湍动马赫数 M_t 增大而增大，压缩性起加强湍动耗散的作用；在无量纲时间 $St>4$ 的情况下，总耗散率 ε 随来流湍动马赫数 M_t 增大而减小。总体而言，在均匀剪切湍流中，压缩性大小将减弱湍动能和湍动能耗散率的发展。图 6.3 给出均匀剪切湍流湍动膨胀耗散率 ε_d 随时间的演变过程，可以看出膨胀耗散率随时间的增加而单调增大，压缩性将增大膨胀耗散率的发展。图 6.4 给出均匀剪切湍流压力膨胀项 $\overline{p'\dfrac{\partial u_j''}{\partial x_j}}$ 随时间的演变过程，可以看出压力膨胀项随时间的发展是振荡型的 (数值可正、可负)，但在均匀剪切湍流中，该项发展的总趋势是负值，且随时间的增大而减小。如果比较图 6.3 和图 6.4 可以看出，压力膨胀项的绝对值与膨胀耗散率具有相同的量级，且随时间和 M_t 的变化趋势相似。为了说明压缩性对湍动能 $\tilde{k}$ 的发展起减小作用，现写出均匀剪切湍流湍动能的输运方程

$$\frac{\partial\rho\tilde{k}}{\partial t}+\frac{\partial\rho\tilde{k}\tilde{u}_k}{\partial x_k}=-\mathrm{S}\overline{\rho^* u_x'' u_y''}-\rho\varepsilon_s-\left(\rho\varepsilon_d-\overline{p'\frac{\partial u_i''}{\partial x_i}}\right) \tag{6.129}$$

可以看出，上式右边括号中的两项表示脉动速度场的膨胀率 (体积变形率) 对湍动能输运方程的影响，这两项起到了汇的作用。因此在均匀剪切湍流中，压力膨胀项与膨胀耗散率对湍动能 $\tilde{k}$ 均起耗散的作用。

$$\frac{\partial\overline{p'^2}}{\partial t}+\tilde{u}_j\frac{\partial\overline{p'^2}}{\partial x_j}=-2\gamma p\overline{p'\frac{\partial u_j''}{\partial x_j}}-(2\gamma-1)\overline{p'^2\frac{\partial u_j''}{\partial x_j}}-2\varepsilon_p \tag{6.130}$$

式中，ε_p 为脉动压力方差耗散率。比较式 (6.129) 和式 (6.130) 可见，压力膨胀项在湍动能 $\rho\tilde{k}$ 和湍动势能 $\overline{p'^2}/(2\gamma p)$ 之间起能量传递的作用。在均匀剪切湍流中，由于脉动压强方差 $\overline{p'^2}$ 随时间是增加的，这样方程 (6.130) 右边项总和起源项的作用，因脉动压强耗散率总是负值，所以该方程右边第一项必然是正值以抵消耗散率项 (在弱压缩情况下，该方程右边第二项与第一项相比是小量)，这就造成压力膨胀项 $\overline{p'\dfrac{\partial u_j''}{\partial x_j}}$ 为负值。

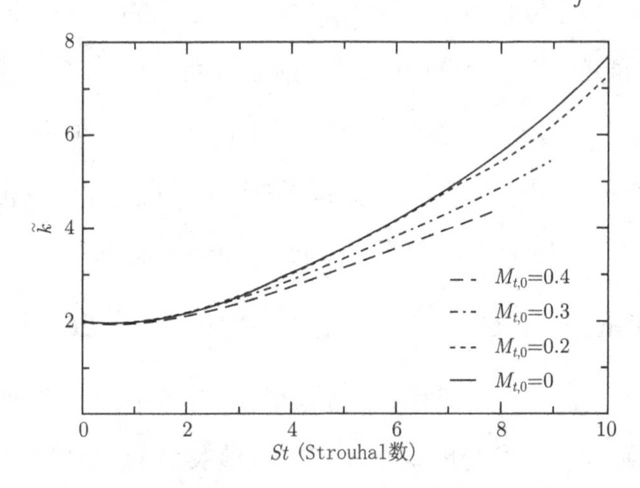

图 6.1　均匀剪切湍流湍动能 $\tilde{k}$ 随时间的演变过程

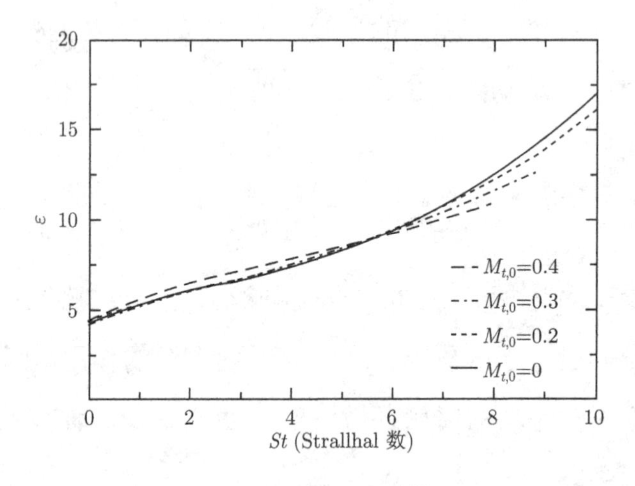

图 6.2　均匀剪切湍流湍动能耗散率 ε 随时间的演变过程

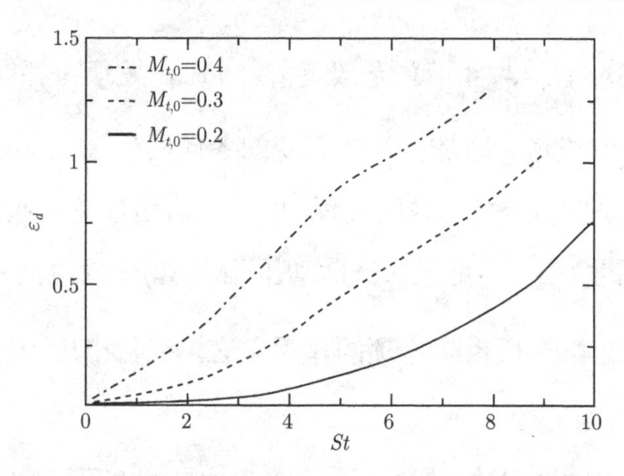

图 6.3 均匀剪切湍流湍动膨胀耗散率 ε_d 随时间的演变过程

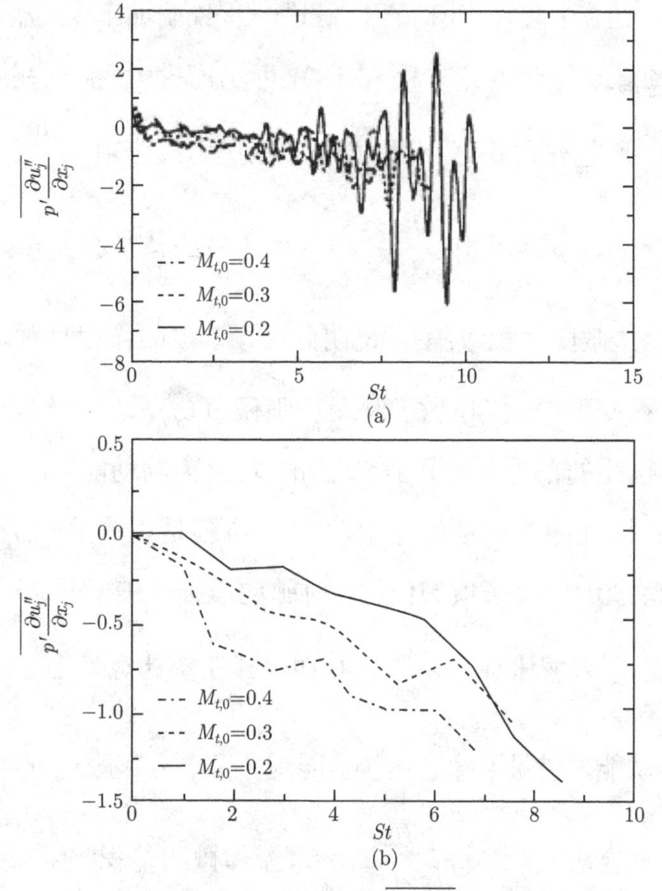

图 6.4 均匀剪切湍流压力膨胀项 $\overline{p'\dfrac{\partial u_j''}{\partial x_j}}$ 随时间的演变过程

压力膨胀项 $\overline{p'\dfrac{\partial u_j''}{\partial x_j}}$ 并不总是取负值，Sarkar 发现在各向同性的衰变湍流中，该项取正值。这是因为在衰变的各向同性湍流中，脉动压强方差 $\overline{p'^2}$ 随时间是在减小的，说明方程 (6.130) 右边项总和起汇项的作用，因脉动压强耗散率 ε_p 不足以保证脉动压强方差 $\overline{p'^2}$ 随时间衰变，要求方程 (6.130) 右边第一项也起汇项的作用，这样就得出压力膨胀项 $\overline{p'\dfrac{\partial u_j''}{\partial x_j}}$ 取正值。

关于压力膨胀项在湍动能 $\rho\tilde{k}$ 和湍动压强势能 $\overline{p'^2}$ 之间能量传递机理，可从式 (6.129) 和式 (6.130) 出发进一步说明如下。从湍动能 $\rho\tilde{k}$ 方程 (6.129) 和脉动压强方差方程 (6.130) 可见，压力膨胀项在此两方程中差一个负号，所起作用正好相反。譬如，当压力膨胀项 $\overline{p'\dfrac{\partial u_j''}{\partial x_j}}>0$ 时，在统计意义上要求，$p'>0$ 和 $\dfrac{\partial u_j''}{\partial x_j}>0$ (流体微团体积膨胀) 或 $p'<0$ 和 $\dfrac{\partial u_j''}{\partial x_j}<0$ (流体微团体积收缩)。说明此时，该项的作用是脉动压强克服流体微团体积变形做功 (相当于脉动压强做负功)，表示通过该项的作用机制将流体微团的部分脉动压强势能 $\overline{p'^2}$ 转化为湍动能 $\rho\tilde{k}$。这样在湍动能 $\tilde{k}$ 方程 (6.129) 中起源项的作用，对 $\rho\tilde{k}$ 方程是正贡献；而在脉动压强方差方程 (6.130) 中起汇项的作用，对脉动压强方差 $\overline{p'^2}$ 方程是负贡献。由此得出，当压力膨胀项 $\overline{p'\dfrac{\partial u_j''}{\partial x_j}}>0$ 时，其在统计意义上总的作用趋势是加强了湍动能，减弱了脉动压强。同理，当压力膨胀项 $\overline{p'\dfrac{\partial u_j''}{\partial x_j}}<0$ 时，在统计意义上要求，$p'>0$ 和 $\dfrac{\partial u_j''}{\partial x_j}<0$ (流体微团体积收缩) 或 $p'<0$ 和

$\dfrac{\partial u_j''}{\partial x_j} > 0$ (流体微团体积膨胀)。说明在此情况下，该项的作用是脉动压强对流体微团体积变形做正功，表示通过该项的作用机制将流体微团的部分湍动能 $\rho\tilde{k}$ 转化为脉动压强势能 $\overline{p'^2}$，相当于脉动压强的作用抑制了湍动能的发展。这样在湍动能 $\rho\tilde{k}$ 方程 (6.129) 中起汇项的作用，对 $\rho\tilde{k}$ 方程是负贡献；在脉动压强方差方程 (6.130) 中起源项的作用，对脉动压强方差 $\overline{p'^2}$ 方程是正贡献。说明当压力膨胀项 $\overline{p'\dfrac{\partial u_j''}{\partial x_j}} < 0$ 时，总的趋势是减弱了湍动能，加强了脉动压强。

由于任何机械能的转化均伴随有能量的耗散，因此我们可以推断出，压力膨胀项一般的模化关系至少应包括：脉动速度与脉动压强之间的能量转换项和耗散项。鉴于上述分析，可以初步认为：在一般非均匀剪切湍流中，通过压缩性的作用，为了把能量从脉动速度场传递给脉动压强场，压力膨胀项主要起负贡献。

参考文献

Alekseenko S V, Kuibin P A, Okulov V L. 2007. Theory of Concentrated Vortices[M]. New Yorks: Springer Berlin Heidelberg.

Batchelor G H. 1953. The Theory of Homogeneous Turbulence[M]. New York: Cambridge University Press.

Bradshaw P. 1996. Turbulence modeling with application to turbomachinery[J]. Progress in Aerospace Science, 32: 575-624.

陈懋章. 2002. 黏性流体动力学基础 [M]. 北京: 高等教育出版社.

陈义良. 1991. 湍流计算模式 [M]. 合肥: 中国科学技术大学出版社.

Canuto C, Hussaini M Y, Quarteroni A, et al. 1987. Spetral Method in Fluid Dynamics[M]. New York: Springer-Verlag.

Chassaing P. 2001. The modeling of variable density turbulent flows[J], Turbulence and Combustion, 66: 293-332.

范全林, 张会强, 郭印诚, 等. 2001. 平面自由湍射流拟序结构的大涡模拟研究 [M]. 北京: 清华大学学报.

Frisch U. 1995. Turbulnce[M]. New York: Cambridge University Press.

Frost W, Moulden T H. 1977. Handbook of Turbulence[M]. New York: Plenum Press.

Hellsten A, Laine S, Hellsten A, et al. 1997. Extension of the k-omega-SST turbulence model for flows over rough surfaces[C]//22nd Atmospheric Flight Mechanics Conference: 3577.

Hellsten A. 1998. Some improvements in Menter's k-omega SST turbulence model[C]//29th AIAA, Fluid Dynamics Conference. 2554.

Kleiser L, Zang T A. 1991. Numerical simulation of transition in wall-bounded shear flows[J]. Annual Review of Fluid Mechanics, 23: 495.

刘沛清. 2008. 自由紊动射流理论 [M]. 北京: 北京航空航天大学出版社.

刘沛清. 2018. 流体力学通论 [M]. 北京: 科学出版社.

罗振兵, 夏智勋. 2005. 合成射流技术及其在流动控制中应用的进展 [J]. 力学进展, (02): 220-234.

Launder B E, Spalding D B. 1972. Mathematical Models of Turbulence[M]. London: Academic Press.

Le H, Moin P. 1994. Direct numerical simulation of turbulent flow over a backward-facing step[R]. Stanford: TF-58. Thermoscience division, Mechanical Engineering Department, Stanford University.

Lele S K. 1997. Computational acousitics: a Review[R]. AIAA, 97-0018.

McCOMB W D. 1990. The-Physics-of-Fluid-Turbulence[M]. Oxford: Clarendon Press.

Menter F R, Kuntz M, Langtry R. 2003. Ten years of industrial experience with the SST turbulence model[J]. Turbulence, heat and mass transfer, 4(1): 625-632.

Menter F R, Kuntz M. 2004. Adaptation of eddy-viscosity turbulence models to unsteady separated flow behind vehicles[M]//The aerodynamics of heavy vehicles: trucks, buses and trains. Berlin: Springer: 339-352.

Menter F R. 1994. Two-equation eddy-viscosity turbulence models for engineering applications[J]. AIAA journal, 32(8): 1598-1605.

Menter F R. 2009. Review of the shear-stress transport turbulence model experience from an industrial perspective[J]. International journal of computational fluid dynamics, 23(4): 305-316.

Menter F, Kuntz M, Bender R. 2003. A scale-adaptive simulation model for turbulent flow predictions[C]//41st aerospace sciences meeting and exhibit. 767.

Metcaclfe R W, Drszag S A, Brachet M E, et al. 1987. Secondary instability of a temporally growing mixing layer[J]. JFM, 184: 207.

Moin P, Mahesh K. 1998. Direct numerical simulation: A tool in turbulence research[J]. Annual Review of Fluid Mechanics, 30: 539.

Morkovin M V. 1962. Effects of compressibility on turbulent flows[A]. The Mechanics of Turbulence[C]. Paris: CNRS 367-380.

Moser R D, Moin P. 1987. The effect of curvature in wall bounded turbulence[J]. JFM, 175: 479.

Olson R E, Chin Y T. 1965. Studies of reattaching jet flows in fluid-state wall attachment devices[Z]. Fluid Amplification 17, Harry Diamond laboratories.

Orszag S A, Patterson G S. 1972. Numerical simulation of three-dimensional homogeneous isotropic turbulence[J]. Phys. Review Lett., 28: 76.

普朗特 L. 1987. 流体力学概论 [M]. 郭永怀, 陆士嘉译. 北京: 科学出版社.

Rodi W. 1982. Turbulent Buoyant Jets and Plumes: Vol.6[M]. London: Pergamon Press.

是勋刚. 1994. 湍流 [M]. 天津: 天津大学出版社.

Sarkar S, Erlebacher G, Hussaini M Y. 1989. The analysis and modeling of dilatational terms in Compressible turbulence[R]. NASA-CR-181959.

Sarkar S, Erlebacher G, Hussaini M Y. 1991. Direct simulation of compressible turbulence in a shear flow[J]. Theory of Computational Fluid Dynamics, 2: 291-305.

Sarkar S. 1992. The pressure-dilatation correlation in compressible flows[J]. Physics of Fluids A, 4(12): 2647-2682.

Schlichting H. 1979. Boundary Layer Theory[M]. New York: McGraw Hill Book Company.

Spalart P R, Deck S, Shur M L, et al. 2006. A new version of detached-eddy simulation, resistant to ambiguous grid densities[J]. Theoretical and computational fluid dynamics, 20(3): 181.

Spalart P R, Moser R D, Rogers M M. 1991. Spectral Methods for the Navier-Stokes Equations with one infinite and two periodic directions[J]. Journal of Computational Physics, 96: 297.

Spalart P R. 2000. Strategies for turbulence modelling and simulations[J]. International Journal of Heat and Fluid Flow, 21(3): 252-263.

Spalart P R. 2009. Detached-eddy simulation[J]. Annual review of fluid mechanics, 41: 181-202.

Spalart P, Allmaras S. 1992. A one-equation turbulence model for aerodynamic flows[C]// 30th aerospace sciences meeting and exhibit. 439.

Stanisic M M. 1984. The Mathematical Theory of Turbulence[M]. New York: Springer-Verlag.

Stephen B. Pope. 1980. Turbulent Flows[M]. Cambrideg: Cambridge University Press.

Strelets M. 2001. Detached eddy simulation of massively separated flows[C]//39th Aerospace Sciences Meeting and Exhibit 879.

Tennekes H, Lumley J L . 1972. A first course in turbulence[M]. London: The MIT Press Cambridge.

Townsend A A R. 1980. The Structure of Turbulent Shear Flow[M]. Cambridge: Cambridge University Press.

Wilcox D C. 1992. Dilatation-dissipation corrections for Advanced turbulence Models[J]. AIAA Journal, 30(11): 2639-2646.

Wilcox D C. 1998. Turbulence modeling for CFD[M]. La Canada, CA: DCW industries.

Wilcox D C. 2008. Formulation of the kw turbulence model revisited[J]. AIAA Journal, 46(11): 2823-2838.

Wilcox D. 1991. A half century historical review of the k-omega model[C]//29th Aerospace Sciences Meeting. 615.

欣兹 J O. 1987. 湍流 (上下册)[M]. 黄永念, 颜大椿译. 北京: 科学出版社.

张长高. 1993. 水动力学 [M]. 北京: 高等教育出版社.

张兆顺, 崔桂香, 许春晓. 2005. 湍流理论与模拟 [M]. 北京: 清华大学出版社.

赵学端, 廖其奠. 1983. 粘性流体力学 [M]. 2 版. 北京: 机械工业出版社.

Zeman O. 1991. On the Decay of compressible isotropic turbulence[J]. Physics of Fluids A, 3(5): 951-955.